国家级职业教育规划教材

全国职业院校烹饪专业教材

中式面点制作基础教程

尹贺伟 主编

中国劳动社会保障出版社

简　介

本书紧扣职业院校烹饪专业教学实际，介绍了中式面点制作的基础知识，主要内容包括面点认知、原料选择、设备工具、基础操作、面团调制、馅心制作、生坯成形和制品熟制等。本书精选了数十种具有代表性的中式面点，详细介绍了每一品种的制作方法和操作步骤。本书内容实用、图文并茂、讲解细致，并穿插介绍了一些面点的历史文化知识。

本书由尹贺伟任主编，秦路亚、李梦涵任副主编，何东东、谢卫国、徐月、王甲参与编写，钟志惠任主审。

图书在版编目（CIP）数据

中式面点制作基础教程 / 尹贺伟主编. -- 北京：中国劳动社会保障出版社，2021
全国职业院校烹饪专业教材
ISBN 978-7-5167-4377-5

Ⅰ. ①中…　Ⅱ. ①尹…　Ⅲ. ①面食－制作－中国－职业教育－教材　Ⅳ. ①TS972.132

中国版本图书馆 CIP 数据核字（2021）第 091846 号

中国劳动社会保障出版社出版发行

（北京市惠新东街 1 号　邮政编码：100029）

*

北京市白帆印务有限公司印刷装订　　新华书店经销
787 毫米 × 1092 毫米　16 开本　20.25 印张　371 千字
2021 年 8 月第 1 版　　2026 年 1 月第 8 次印刷

定价：59.00 元

营销中心电话：400-606-6496
出版社网址：http://www.class.com.cn
http://jg.class.com.cn

前　言

近年来，随着我国社会经济、技术的发展，以及人们生活水平的提高，餐饮行业也在不断创新中向前发展。餐饮业规模逐年增长，新标准、新技术、新设备和新方法不断出现，人们对餐饮的需求也日益丰富多样。随着餐饮行业的发展，餐饮企业对从业人员的知识水平和职业能力水平提出了更高的要求。为了培养更加符合餐饮企业需要的技能人才，我们组织了一批教学经验丰富、实践能力强的一线教师和行业、企业专家，在充分调研的基础上，编写了这套全国职业院校烹饪专业教材。

本套教材主要有以下几个特点：

第一，体系完整，覆盖面广。教材包括烹饪专业基础知识、基本操作技能及典型菜品烹饪技术等多个系列数十个品种，涵盖了中式烹调技法、西式烹调技法及面点制作等各方面知识，并涉及饮食营养卫生、烹饪原料、餐饮企业管理等内容，基本覆盖了目前烹饪专业教学各方面的内容，能够满足职业院校烹饪教学所需。

第二，理实结合，先进实用。教材本着“学以致用”的原则，根据餐饮企业的工作实际安排教材的结构和内容，将理论知识与操作技能有机融合，突出对学生实际操作能力的培养。教材根据餐饮行业的现状和发展趋势，尽可能多地体现新知识、新技术、新方法、新设备，使学生达到企业岗位实际要求。

第三，生动直观，资源丰富。教材多采用四色印刷，使烹饪原料的识别、工艺流程的描述、设备工具的使用更加直观生动，从而营造出更

加直观的认知环境，提高教材的可读性，激发学生的学习兴趣。教材同步开发了配套的电子课件及习题册。电子课件及习题册答案可登录中国技工教育网（jg.class.com.cn），搜索相应的书目，在相关资源中下载。部分教材针对教学重点和难点制作了演示视频、音频等多媒体素材，学生扫描二维码即可在线观看或收听相应内容。

本套教材的编写工作得到了有关学校的大力支持，教材的编审人员做了大量的工作，在此，我们表示诚挚的谢意！同时，恳切希望广大读者对教材提出宝贵的意见和建议。

人力资源社会保障部教材办公室

目　录

第一章

面 点 认 知

学习目标

知识目标：
1. 能理解并正确表述面点的概念、特点。
2. 能熟知面点的分类方法、类别。
3. 能熟知面点的主要风味流派及特色。
技能目标：
1. 能对面点品种进行分类。
2. 能列举面点主要风味流派的代表品种。

面点制作是中国烹饪工艺体系的重要组成部分，行业俗称“白案”或“面案”，与菜肴烹调（行业俗称“红案”）一样历史悠久、品类繁多、制作考究、技艺精湛、特色鲜明。

第一节 面点的概念与特点

面点制作具有悠久的历史，邱庞同著《中国面点史》指出：“中国面点的萌芽时期在 6 000 年前左右。”经过漫长的历史发展，面点制作已成为一门独立的制作技艺。因地域、物产、风俗等因素的差异，面点的称谓有所不同，北方称之为面食，南方称之为点心，西南称之为小吃等。

一、面点的概念

面点是以各种粮食（麦、米、杂粮及其粉料）、蔬菜、肉品（畜、禽类）、水产品（鱼、虾等）、果品等为主要原料，配以油、糖、蛋、乳、调味料等辅助原料，经过面团调制、馅心制作、生坯成形和制品熟制制成的具有一定营养价值且色、香、味、形、质俱佳的各种面食、点心和小吃。

二、面点的特点

1. 选料广泛，用料精细

我国物产丰富，面点制作中原料的选择余地非常大，几乎所有的烹饪原料都能用于制作面点。同时，面点原料的选择和使用根据面点制品的工艺、品质、营养、卫生要求以及原料产地、产季等方面要求，注重合理、科学和物尽其用。

2. 品类繁多，特色鲜明

面点因面团性质、馅心种类、成形技法、成熟方法的不同，形成了品类的多样性。同时，地域和物产的多样性，以及多民族性又形成了各地区、各民族独具风格的面点品种和特色。

3. 注重馅心，讲究口味

馅心是面点制品的重要组成部分，也是面点制作的重要学习内容，与面点的色、香、味、形紧密关联。面点的馅心用料广泛、选料讲究、调味丰富、制作精细、风味突出、种类繁多，同时，面点制品皮坯性质及成熟方法的配合应用又进一步丰富了面点的口味。

4. 技法多样，造型美观

中式面点以手工制作为主，经过不断的探索和实践，积累了众多技法和绝活，通过各种技法的综合运用，形成了各种各样的面点形态，充分体现了技术性与艺术性的完美结合。

5. 顺应时节，传承文化

中华民族传统文化源远流长，饮食文化同样博大精深。中式面点与中华民族的时令、风俗有着密切联系，春、夏、秋、冬四季更替，面点制品应时迭出，选料、制法、吃法各不相同。节日面点不仅承载着几千年的传统文化，同时也表达了人们对美好生活的寄托和愿望。

第二节 面点的分类

中式面点流派众多，分类方法也较多。常用的分类方法主要有两种，即单一分类法和综合分类法。

一、单一分类法

单一分类法是以某一单项指标对面点进行分类，从一个角度体现面点制品的特点。

1. 按制作原料，面点可分为麦类制品、米类制品、杂粮制品、淀粉制品、果蔬制品、其他制品等，部分典型制品如下图所示。

蜜枣粽子

杂粮饼

荷叶夹

2. 按面团性质，面点可分为水调面团制品、膨松面团制品、油酥面团制品、浆皮面团制品、米及米粉面团制品、其他面团制品等，部分典型制品如下图所示。

凉粉盒

四喜卷

桂花汤圆

3. 按制品形态，面点可分为饼类、饺类、糕类、团类、包类、卷类、条类、羹类、冻类、饭类、粥类等，部分典型制品如下图所示。

千层烙饼

水饺

山楂松糕

麻团

生煎包

荷花卷

金丝面

银耳羹

椰汁红豆糕

炒饭

皮蛋瘦肉粥

4. 按成熟方法，面点可分为蒸制品、煮制品、炸制品、煎制品、烙制品、烤制品、复合成熟制品等，部分典型制品如下图所示。

鲜奶棉桃

天鹅酥

紫荆花酥

5. 按制品口味，面点可分为甜味制品、咸味制品、甜咸味制品、无味制品等，部分典型制品如下图所示。

五仁包

水煎包

叉烧酥

桃夹子

6. 按制品干湿状态，面点可分为干点、湿点、水点等，部分典型制品如下图所示。

麻将烧饼

麻酱拌面

酸汤馄饨

7. 按地域风味流派，面点可分为京式面点、苏式面点、广式面点、川式面点等，部分典型制品如下图所示。

京式面点“银丝卷”

苏式面点“阳春面”

广式面点“蟹仔干蒸”

川式面点“叶儿粑”

二、综合分类法

根据面点教学和专业研究现状，可以将面点从原料和面团性质两方面进行综合分类，见下表。

<table>
<tr><th>原料</th><th colspan="3">面团性质</th></tr>
<tr><td rowspan="9">麦粉类</td><td rowspan="4">水调面团制品</td><td colspan="2">冷水面团制品</td></tr>
<tr><td colspan="2">温水面团制品</td></tr>
<tr><td colspan="2">热水面团制品</td></tr>
<tr><td colspan="2">沸水面团制品</td></tr>
<tr><td rowspan="5">膨松面团制品</td><td rowspan="2">生物膨松面团制品</td><td>酵种发酵面团制品</td></tr>
<tr><td>酵母发酵面团制品</td></tr>
<tr><td rowspan="2">物理膨松面团制品</td><td>蛋泡面团制品</td></tr>
<tr><td>蛋油面团制品</td></tr>
<tr><td colspan="2">化学膨松面团制品</td></tr>
</table>

续表

<table>
<tr><th>原料</th><th colspan="3">面团性质</th></tr>
<tr><td rowspan="5">麦粉类</td><td rowspan="4">油酥面团制品</td><td rowspan="3">层酥面团制品</td><td>水油面层酥面团制品</td></tr>
<tr><td>水面层酥面团制品</td></tr>
<tr><td>酵面层酥面团制品</td></tr>
<tr><td colspan="2">混酥面团制品</td></tr>
<tr><td colspan="3">浆皮面团制品</td></tr>
<tr><td rowspan="4">米及米粉类</td><td rowspan="4">米及米粉面团制品</td><td colspan="2">米类面团制品</td></tr>
<tr><td rowspan="3">米粉面团制品</td><td>糕类粉团制品</td></tr>
<tr><td>团类粉团制品</td></tr>
<tr><td>发酵粉团制品</td></tr>
<tr><td rowspan="7">其他类</td><td rowspan="7">其他面团制品</td><td rowspan="2">杂粮面团制品</td><td>谷类杂粮面团制品</td></tr>
<tr><td>豆类杂粮面团制品</td></tr>
<tr><td colspan="2">薯类面团制品</td></tr>
<tr><td colspan="2">澄粉面团制品</td></tr>
<tr><td colspan="2">蔬菜类面团制品</td></tr>
<tr><td colspan="2">果品类面团制品</td></tr>
<tr><td colspan="2">鱼虾茸面团制品</td></tr>
</table>

第三节　面点的风味流派

中式面点在发展演变的漫长过程中，受地域、气候、物产、民族、风俗、历史、政治、经济、文化等多方面因素的综合影响，在原料选择、成形技法、成熟方法、质感味型等方面逐渐形成了不同的风格，凸显出浓郁的地方特色，并由此产生了不同的风味流派，具有代表性的风味流派主要有京式面点、广式面点、苏式面点和川式面点。

一、京式面点

京式面点系指黄河以北地区制作的面点，以北京为代表，故称京式面点，其特点主要有以下几点：

1. 用料广泛，面粉为主

我国北方地区盛产小麦、杂粮，故京式面点主料常用麦、米、豆、黍、粟、蛋、奶、果、蔬、薯等，豆类则经常使用黄豆、绿豆、赤豆、芸豆、豇豆、豌豆等。

2. 技法多样，制作精细

京式面点成形方法多样，包括擀、卷、抻、削、切、捏、拨、叠、摊、包、粘等，再加上蒸、煮、煎、炸、烤、烙、爆、涮、烩等多种技法的综合运用，使得京式面点花样繁多、造型别致。

3. 注重馅心，风味独特

京式面点馅心偏咸鲜口味，肉馅多用水打馅，并常用葱、姜、黄酱、芝麻油等作调味料，形成了咸鲜细嫩、口味醇香的独特风味。

京式面点的典型品种有抻面、刀削面、小刀面、拨鱼面、烧麦、包子、肉龙、小窝头、芸豆卷、豌豆黄、驴打滚、炸酱面等。

包子

小窝头

豌豆黄

炸酱面

肉龙

驴打滚

二、广式面点

广式面点系指珠江流域及南部沿海地区制作的面点，以广东为代表，故称广式面点，其特点主要有以下几点：

1. 选料广博，品种丰富

珠江流域及南部沿海地区气候温和、雨量充沛、物产丰富，为广式面点的制作提供了丰富的原料。广式面点擅长米及米粉制品的制作，擅用油、糖、蛋改变坯皮的性质，以获得良好的质感。经过不断实践和广泛交流，广式面点创造出了丰富多样、口味鲜美、色形俱佳的各类点心。

2. 讲究馅心，口味清淡

广式面点的馅心特色突出，制馅原料精挑细选。馅心用料包括肉类、海鲜、水果、杂粮、蔬菜、菌笋、干果等，擅用荸荠、鸡蛋、奶油、薯类及鱼虾等制作馅心，面点口味较为清淡。

3. 工艺考究，造型精美

广式面点以讲究形态、花色、色彩著称，制作技法多样，造型精美，注重细节。

广式面点的典型品种有叉烧包、虾饺、肠粉、奶黄包、萝卜糕、小凤饼、云吞面、甘露酥、广式月饼等。

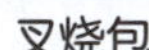
叉烧包

虾饺

奶黄包

肠粉

萝卜糕

云吞面

三、苏式面点

苏式面点系指长江中下游地区制作的面点，以江苏为代表，故称苏式面点，其特点主要有以下几点：

1. 品种繁多，应时迭出

就风味而言，苏式面点包括苏扬风味、淮扬风味、宁沪风味、浙江风味等，品种繁多，而且会随着季节的变化和当地习俗而应时更换品种。

2. 制作精巧，造型美观

苏式面点在成形上制作精巧，制品多姿多态、玲珑剔透、栩栩如生。船点就是苏式面点这一特点的集中代表，经揉粉、着色、成形及熟制后，制成各种花卉、飞禽、走兽、水果、蔬菜等造型，形象逼真。

3. 馅心多样，讲究掺冻

苏式面点馅心多样，口味或咸甜或香甜，不少品种使用熟馅，富有独特风味，甜馅多用果料、蜜饯等原料，口味甜香，肉馅讲究掺冻，汁多肥嫩，味道鲜美。

苏式面点的典型品种有船点、灌汤包、三丁包子、翡翠烧麦、黄桥烧饼、阳春面、青团、苏式月饼等。

三丁包子

翡翠烧麦

黄桥烧饼

青团

灌汤包

苏式月饼

四、川式面点

川式面点系指长江中上游及西南地区所制作的面点，以四川为代表，故称川式面点，其特点主要有以下几点：

1. 用料合理，搭配得当

西南地区雨量充沛，物产富饶，这为川式面点的形成创造了良好的物质条件。川式面点用料合理、搭配得当，原料以米、面为主，兼用杂粮，经过合理的搭配即变换出各种味道。

2. 兼容并蓄，精工细做

川式面点品类众多，制法多样。西南地区连接南北、沟通东西，这一特点使川式面点兼具南北之长，借鉴北方的技法却更追求细致，汲取南方的精巧却又不过于讲究，既有视觉效果，又有美味感受。

3. 风味突出，独具特色

川式面点风味独特，具有浓郁的地方特色，主要表现在调味上，咸、甜、麻、辣、鲜味中，尤其擅调麻辣味，在复合味调制方面讲究一味为主、他味相辅、各味兼备、相得益彰。

川式面点的典型品种有钟水饺、龙抄手、担担面、韩包子、赖汤圆、珍珠圆子、叶儿粑、糖油果子、牛肉焦饼、波丝油糕、鸡汁锅贴等。

钟水饺

波丝油糕

鸡汁锅贴

担担面

糖油果子

龙抄手

本章小结

本章主要学习面点的概念、特点、分类方法、类别、主要风味流派及特色。通过本章学习，能够初步认知面点知识，对面点品种进行分类，并能列举面点主要风味流派的代表品种。

思考与练习

1. 技艺和文化的传承对于中式面点的发展同等重要，作为新时代的烹饪技能人才，该如何继承传统技艺、传承传统饮食文化？

2. 以沙县小吃的产业化发展为例，尝试说明地方风味流派面点的品牌化发展。

第二章
原料选择

学习目标

知识目标：

1. 熟知面点坯皮原料、制馅原料、辅助原料、调味原料的种类、特点和营养成分。

2. 熟知常用面点坯皮原料、制馅原料、辅助原料、调味原料的理化性质及在面点制作中的工艺性能和作用。

技能目标：

1. 能认识各种面点原料。

2. 能鉴别、选择常用面点原料。

3. 能合理搭配面点原料。

中式面点制作所使用的原料非常广泛，几乎所有的主粮、杂粮以及大部分可食用的动、植物等原料都可以选用。面点原料的总体要求是无毒、无害，有一定营养价值，符合面点制作的工艺要求。面点原料根据其性质和用途，大体可分为坯皮原料、制馅原料、辅助原料和调味原料四大类。

第一节　坯皮原料

坯皮原料通常是指用于调制面团或直接制作面点的粮食类原料，如米、麦、杂粮、淀粉等，部分特色面点以蔬菜、果品、水产品等为坯皮原料。作为制作面点的坯皮原料一般都应具备一定的韧性、延伸性和可塑性。

一、面粉

面粉是由小麦加工磨制而成的粉料，是面点制作常用的坯皮原料。

1. 面粉的种类

（1）根据加工精度不同分类

1）特制粉。特制粉颜色洁白，粉质细腻爽滑，湿面筋含量不低于 26%，水分不超过 14.5%，弹性大，韧性、延伸性强，适于制作面点中的精细品种。

2）标准粉。标准粉色泽稍黄，粉粒较粗，含麸量多，湿面筋含量不低于 24%，水分不超过 14%，弹性不如特制粉，营养素较全，一般用于制作面点中的大众化品种。

3）普通粉。普通粉色泽较黄，含麸量多于标准粉，湿面筋含量不低于 22%，水分不超过 13.5%，弹性小，韧性差，可塑性强，营养素全，适宜制作面点中的一般品种。

（2）根据面粉中面筋蛋白质的含量或湿面筋生成量不同分类

1）高筋粉。高筋粉又称强筋粉、强力粉，蛋白质含量为 12% ~ 15%，湿面筋含量在 35% 以上，适于制作面包、起酥点心等面点品种。

2）中筋粉。中筋粉又称中力粉，蛋白质含量为 9% ~ 11%，湿面筋含量为 26% ~ 35%，适于制作馒头、面条等面点品种。

3）低筋粉。低筋粉又称弱力粉，蛋白质含量为 7% ~ 9%，湿面筋含量在 26% 以下，适于制作饼干、蛋糕等面点品种。

（3）根据面粉的用途不同分类

1）面包粉。面包粉由硬麦磨制而成，粉质细腻，色泽洁白，蛋白质含量在 12.2% 以上，筋性强，适合制作面包。

2）蛋糕粉。蛋糕粉是由软质面粉经氯气漂白处理而成的一种面粉，粉质细滑柔软，色泽洁白，蛋白质含量平均在 8.5% 左右，适合制作蛋糕。

3）糕点粉。糕点粉又称低筋面粉、低粉，由软麦磨制而成，蛋白质含量低于

10%，筋性弱，适合制作蛋糕、桃酥、松酥等糕点。

4）通用面粉。通用面粉又称中筋面粉、中筋粉、中粉，蛋白质含量为 9% ~ 11%，粉质细滑，色泽洁白，筋力适中，麦香味浓，适合制作包子、馒头、面条、饺子等。

5）自发面粉。自发面粉又称自发粉，大都由中筋面粉和小苏打、酸性盐、食盐混合而成，具备膨松性，可直接制作馒头、包子、花卷等发酵制品。

6）强化面粉。强化面粉在面粉加工过程中添加了天然或人工合成的营养添加剂，如铁、钙、锌、硫胺素、核黄素等，使之成为营养更全面的面粉，以弥补营养素的不足。

7）全麦面粉。全麦面粉又称全麦粉，是由整个麦粒研磨而成的，含有丰富的 B 族维生素，营养价值较高。

2. 面粉的工艺性能

（1）面筋的工艺性能

面粉加水调制成面团后，将面团放入清水中搓洗，使淀粉、可溶性蛋白质、灰分等成分逐渐从面团中分离而悬浮于水中，最后剩下的块状，具有黏性、弹性、延伸性的软胶状物质即为湿面筋。湿面筋含有大约 65% ~ 70% 的水分，脱去水分即为干面筋。

面筋主要是由蛋白质中的麦谷蛋白和麦胶蛋白组成，其余为淀粉、纤维素、脂肪和其他蛋白质。面筋蛋白质具有很强的吸水能力，吸水量约占面坯总吸水量的 60% ~ 70%，面粉中面筋含量越高，面粉的吸水量越大。

面筋的物理性质有弹性、韧性、延伸性、可塑性等，这些物理性质是评价面坯工艺性能的重要指标。弹性是指湿面筋被压缩或被拉伸后恢复原来状态的能力。韧性是指湿面筋在拉伸时所表现出的抵抗力，一般而言，弹性好的面筋，韧性也好。延伸性是指湿面筋被拉长到某种程度而不断裂的性质。可塑性是指湿面筋被压缩或拉伸后，不能恢复原来状态的能力。

不同的面点制品对面筋工艺性能的要求也不同，如发酵制品要求面粉弹性、韧性都好，蛋糕、酥点类制品则对面粉弹性、韧性要求都不高，但要求可塑性好。

（2）面粉的吸水率

面粉吸水率是指将单位重量的面粉调成面团所需的最大加水量。面粉吸水率高，可以增加制品的水分含量和柔软性，提高制品的出品率。面团的最佳吸水率取决于面团的种类和生产工艺条件。影响面粉吸水率的因素主要有以下几点：

1）蛋白质含量。面粉的吸水率在很大程度上取决于面粉的蛋白质含量，面粉的蛋白质含量高，吸水率就高。

2）小麦的类型。硬质小麦生产的面粉吸水率较高。

3）面粉的含水量。面粉的含水量高，则面粉的吸水率降低。

4）面粉的颗粒。研磨较细的面粉，因为面粉颗粒总表面积增大，所以吸水率较高。

（3）面粉的糖化力和产气能力

1）面粉的糖化力。面粉的糖化力是指面粉中的淀粉在淀粉酶的作用下转化成糖的能力。酶的活性程度越高，面粉颗粒越小，面粉的糖化力越强。

2）面粉的产气能力。面粉的产气能力是指面粉在面团发酵过程中产生二氧化碳气体的能力。面粉的产气能力取决于面粉的糖化力，一般而言，面粉糖化力越强，生产的糖越多，其产气能力越强。

（4）面粉的熟化

面粉的熟化又称成熟、后熟、陈化。新磨制的面粉，尤其是新小麦磨制的面粉，调制成面团后黏性大、筋力弱，不易操作。而新面粉在经过一段时间静置后，工艺性能会大大改善，变得易操作，成品符合工艺要求。

二、大米

大米是稻谷经脱壳碾制而成的加工制品，是面点制作的主要坯皮原料。

1. 大米的种类

大米按米质的不同可分为粳米、籼米和糯米。

粳米又称大米，粒形短圆，色泽蜡白，透明度较好，米质坚实，硬度高，加工时不易破碎，黏性大于籼米、小于糯米，胀性小于籼米、大于糯米，出饭率低于籼米，主要用于制作米饭、粥，也可磨制成粉制作米糕等。

籼米又称机米，米粒细长，色泽灰白，透明度不如粳米，米质疏松，硬度中等，加工时容易破碎，胀性大，出饭率高，但黏性小，口感粗糙，主要用于制作米饭、粥，也可磨制成粉后制作松质糕、发酵粉团制品等，或用作粉蒸类菜肴的辅料。

糯米又称江米，有粳糯和籼糯两种。粳糯粒形短圆，籼糯粒形细长，二者均呈不透明的乳白色，硬度低，黏性大，胀性小，出饭率低，成熟后有透明感，主要用于制作糕点或磨制成粉后制作黏糯性较强的点心、小吃等，一般不用于制作主食。

2. 大米的工艺性能

大米的营养成分与小麦基本相同，决定大米工艺性能的主要成分是蛋白质和淀粉。

大米所含蛋白质的主要成分为不能生成面筋的谷蛋白和谷胶蛋白，因而米粉面坯中没有面筋网络形成，不具备包裹气体的能力，无弹性、韧性和延伸性。

大米中的淀粉主要是支链淀粉，米的种类不同，支链淀粉的含量也不同。糯米中支链淀粉的含量最高，粳米次之，籼米最少。用含支链淀粉高的米或米粉制作的面点黏性大，柔软，放置后不易变硬。

3. 米粉的种类与性能

米粉是由大米加工磨制而成的粉料，按米质可分为粳米粉、籼米粉和糯米粉；按磨制方法可分为干磨粉、湿磨粉和水磨粉。

干磨粉

湿磨粉

水磨粉

（1）干磨粉

干磨粉是指将大米不经水浸泡直接磨制而成的粉料。干磨粉含水量少，易于保存，不易变质，但粉质较粗，制品口感滑爽，软糯性差，适宜制作一般性的糕团及象形点心，如松糕、船点等。

（2）湿磨粉

湿磨粉是指将大米用冷水浸泡至米粒胀发，控干水分后磨制而成的粉料。湿磨粉粉质细腻，制品较软糯，但含水量较多，不易保存，适宜制作一般糕团制品，如年糕、蜂糕等。

（3）水磨粉

水磨粉是指将大米用冷水泡透，带水磨制而成的粉浆。水磨粉粉质非常细腻，制品滑润软糯，但含水量多，不宜久藏。根据水磨粉的含水量和发酵与否，一般可分为水浆、吊浆和发浆三种。

1）水浆。大米经淘洗、浸泡，加清水磨细即成水浆。水浆多用于制作凉糕、凉粉、米粉等口感爽滑的制品。

2）吊浆。大米经淘洗、浸泡后磨制成米浆，将米浆装入布袋沥干水分即成吊浆。吊浆适宜制作汤圆、麻球、叶儿粑等制品。

3）发浆。大米经淘洗、浸泡磨制成米浆后加入适量老酵浆（俗称老发浆），待其发酵而成发浆。发浆适宜制作白蜂糕、米发糕等制品。

三、谷类杂粮

谷类杂粮是指除麦类、米类之外的谷类粮食，主要包括玉米、高粱、小米、荞麦、莜麦等。谷类杂粮可以直接制作干饭、粥，也可以磨制成粉制作面点。

1. 玉米

玉米又称苞谷、棒子、玉蜀黍。按颜色可分为黄玉米、白玉米和杂色玉米；按籽粒外部形态和内部结构可分为硬粒型玉米、马齿型玉米、半马齿型玉米、粉质型玉米、糯质型玉米、甜质型玉米、爆裂型玉米和有稃型玉米。

玉米中所含的蛋白质是一种不完全蛋白质，不具有持气性和形成弹性面团的能力，因此在制作面点时通常将玉米磨制成玉米粉使用。玉米粉韧性差，松而发硬，制作面点时一般用热水烫制，以增加其黏性。玉米粉既可以单独制作面食，如窝头、饼类等，也可与面粉掺和，制作各式发酵面点、面条和饼干等。

2. 高粱

高粱又称木稷、蜀黍，按颜色可分为白、黄、红、黑等品种，按性质可分为粳、糯两种，按用途可分为粮用、糖用和帚用三种。

高粱的皮层较厚，含有大量的粗纤维、色素和单宁，单宁带有苦涩味，影响人体对食物的消化吸收，加工时应尽可能除去皮层。

高粱可以直接制作饭、粥等，也可以加工成粉，与其他粉料掺和制作糕、团、饼等各式风味小吃。

3. 小米

小米又称谷子、粟米。按颜色可分为黄色、白色、褐色、红色、黑色等品种，其中以黄色和白色最为常见；按籽粒黏性可分为粳、糯两种。

谷子脱壳即为小米。小米可以直接制作饭、粥等，也可以磨制成粉，单独或与其他粉料掺和制作窝头、饼类、发糕等。

4. 荞麦

荞麦又称乌麦、三角麦，分为甜荞和苦荞两种。荞麦含有其他谷类粮食没有的芦丁，营养价值较高。荞麦磨制成粉后既可以单独制作面点，也可以与其他粉料掺和制作各式面点，如荞麦饸饹、荞麦凉粉等。

5. 莜麦

莜麦又称油麦、玉麦、铃铛麦，所含氨基酸种类齐全，不饱和脂肪酸含量较高，膳食纤维尤其是可溶性膳食纤维含量较高。莜麦磨制成粉后，既可以单独制作面食，也可以与其他粉料掺和制作面点。传统的莜麦面食主要采用蒸、煮、炸、烙、炒等方法熟制，如栲栳栳、窝窝、鱼鱼、烙饼、囤囤、猫耳朵等。

荞麦

莜麦

四、豆类

豆类种类繁多、营养丰富，一般可分为两种类型，一类是以含蛋白质、脂肪为主的大豆，另一类是以含蛋白质和糖类为主的各种杂豆。

1. 大豆

大豆又称黄豆，以东北大豆质量最优、营养价值最高。大豆在面点制作中常磨制成粉与其他粉料掺和使用，可制作团子、糕饼等。

2. 绿豆

绿豆又称吉豆、青小豆。绿豆可做饭、粥、羹、绿豆糕、豆皮等，也可磨制成粉与其他粉料掺和制作绿豆面、绿豆煎饼等，同时还可以制作豆沙馅。

3. 赤豆

赤豆又称红豆、红小豆，性质软糯，沙性大，可直接制作红豆汤、红豆粥，煮烂后可制作豆沙、豆泥，是制作甜软馅的常用原料，也可磨制成粉与其他粉料掺和制作糕点。

4. 蚕豆

蚕豆又称胡豆、佛豆、罗汉豆，具有软糯、口味清香的特点，可鲜食制作菜肴，干蚕豆可磨制成粉、制泥，制作面点及馅心，如蚕豆糕、蚕豆凉粉、粉皮等。

5. 豌豆

豌豆又称毕豆、雪豆、冬豆，其嫩茎、嫩荚及种子均可食用，干豌豆在面点制作中常磨制成粉，制作面点及馅心，如豌豆黄、豌豆糕等。

蚕豆　　干蚕豆　　豌豆　　干豌豆

五、薯类

薯类作物又称根茎类作物，主要包括马铃薯、甘薯、山药、芋艿等，富含淀粉，所含蛋白质多属完全蛋白质，营养价值较高。

1. 马铃薯

马铃薯又称洋芋、土豆，性质软糯、细腻，在面点中的运用主要是经蒸、煮、去皮制成泥蓉，可单独制作煎炸类点心，也可与米粉、面粉、熟澄粉掺和，制成薯蓉饼、薯蓉卷及各种象形点心。

2. 甘薯

甘薯又称红薯、地瓜、山芋、番薯，质软香甜，含有大量淀粉，糖分大。甘薯蒸熟后去皮，制成泥蓉与其他粉料掺和，可制作糕、包、饺、饼等各类面点。

3. 山药

山药又称淮山药、怀山药，色白细软，黏性很大，可单独食用，也可蒸熟去皮后制成泥蓉与其他粉料掺和，制作各式点心，如杏仁山药饼等。

4. 芋艿

芋艿又称芋头、芋奶，富含淀粉，易于消化，在面点制作中常制成泥蓉，与其他粉料掺和制作各类小吃、糕点。

六、淀粉

1. 澄粉

澄粉即小麦淀粉，呈白色粉末状，手感细腻，制作面点时需用沸水烫制成团，面坯色泽洁白，呈半透明状，制品口感爽滑（蒸制品）、酥脆（炸制品），如虾饺、晶饼等。

2. 粟粉

粟粉即玉米淀粉，粉质细滑洁白，吸水性强，糊化后易于凝结，适宜制作凉糕等。

3. 马蹄粉

马蹄粉是用马蹄（荸荠）加工而成的，质地粗，赤白色，味香甜，可制作马蹄糕、拉皮等。

七、果蔬类

1. 果品类

鲜果、干果、糖制果品等加工成泥、蓉、浆、汁、粉与其他粉料掺和，可制作各种特色点心，如粟蓉糕、山楂糕、柿饼等，常用的果品有栗子、柿子、山楂、香蕉等。

2. 蔬菜类

根类、茎类、果类、叶类蔬菜加工成泥、蓉、浆、汁、粉与其他粉料掺和，可制成各种特色面点，如蔬菜面条、南瓜饼、藕丝糕等，常用的蔬菜有南瓜、胡萝卜、菠菜、苋菜、莲菜等。

八、鱼虾

将鱼、虾肉加工成茸，利用鱼、虾肉蛋白质含量较高、黏性较大的特点，加盐、水、调味料、淀粉搅打成面坯，可制作特色面点，如鱼丝面、鱼皮饺、水晶珍珠丸等。

第二节　制馅原料

制馅原料是指用于制作面点馅心的原料。馅心种类繁多、口味多样，因此，制作馅心所用的原料也是多种多样的，如肉类、蔬菜类、果品类、粮食制品、豆类、干货类等。

一、肉类原料

肉类原料在面点馅心制作中运用十分广泛，主要包括畜肉、禽肉、水产品、肉制品等，这类原料营养丰富，是人体获取蛋白质、脂肪等营养素的重要来源。

1. 畜肉

面点中常用于制作馅心的畜肉主要有猪肉、牛肉、羊肉等。

（1）猪肉

猪肉是面点馅心制作中最常用的一种动物性原料，其肌肉纤维细而柔软，结缔组织较少，脂肪含量较其他肉类多。不同部位的猪肉肉质有较大差异，制作馅心时常用的猪肉是颈肉（槽头肉）、前夹心肉、腿肉和五花肉。

（2）牛肉

牛肉肉质坚实，色泽棕红，肌肉纤维粗糙而紧密，制馅时应选用肌肉纤维斜而短、筋膜少、鲜嫩无异味的牛肉。因牛肉有较强的吸水性，制作馅心时应多打入水。

（3）羊肉

羊肉分为绵羊肉和山羊肉，绵羊肉肉质紧实，细嫩肥美；山羊肉皮较厚，皮下脂肪少，膻味较浓。制作馅心时应选用膻味较小、肥嫩无筋膜的绵羊肉。

2. 禽肉

面点中用于制作馅心的禽肉主要有鸡肉、鸭肉、鹅肉等。鸡肉肌纤维细嫩，肌间脂肪较多，含有较多谷氨酸，味道鲜美。制作馅心时主要选用鸡脯肉。

鸭肉质地较鸡肉差，并略带腥膻味，脂肪含量比鸡肉多，滋润肥美，常选用鸭脯肉制作馅心。

鹅肉质地较粗，有腥膻味，制作的馅心品质不如鸡、鸭肉。

3. 水产品

水产品是面点馅心制作的重要原料，鲜品和干制品均可用于馅心的制作。在面点中常用的水产品主要有鱼类、虾类、蟹类和贝类等。制馅时应选用新鲜、体大、肉厚、无刺或少刺的水产鲜品，其干制品应合理选择涨发方法，涨发后再按馅心制作要求进行相应刀工处理。

4. 肉制品

面点馅心制作常用的肉制品原料主要有火腿、腊肉、腊肠、香肠、酱鸡、酱鸭等。肉制品原料在制作馅心时一般应经预熟、去骨、去皮等处理工序，再按馅心制作具体要求进行刀工处理。

二、蔬菜类原料

蔬菜是面点馅心制作的重要原料，富含维生素、无机盐、糖类，根据食用部位可分为叶菜类、茎菜类、根菜类、果菜类和花菜类等。

叶菜类是以植物肥嫩菜叶及叶柄为食用部位的蔬菜，其生长期短、适应性强、含水量大，但持水能力差。面点制作中常用叶菜有小白菜、菠菜、韭菜等。

茎菜类是以植物的嫩茎或变态茎为食用部位的蔬菜，按其生长状态可分为地上茎蔬菜和地下茎蔬菜。茎菜类蔬菜富含糖类和蛋白质，质地或脆嫩、清香，或柔软、香糯。面点制作中常用的茎菜有蒜薹、青菜头、竹笋、芋头、马蹄等。

根菜类是以植物膨化的变态根为食用部位的蔬菜。根菜类蔬菜富含糖类，含水量大。面点制作中常用的根菜有萝卜、胡萝卜等。

果菜类是以植物果实和种子为食用部位的蔬菜，一般可分为荚果类、茄果类和瓠果类。面点制作中常用的果菜有青豆、嫩豌豆、西葫芦、茄子、南瓜等。

花菜类是以植物的花蕾器官为食用部位的蔬菜。花菜类蔬菜质地或柔嫩、或脆嫩，具有特殊的清香或辛香气味。面点制作中常用的花菜有黄花菜、花椰菜、菊花等。

三、果品类原料

果品类原料在面点中主要用于制作甜馅和面点装饰，主要包括鲜果、干果和果品制品三大类。

鲜果含水量大，富含维生素，但脂肪、蛋白质含量一般较低，如苹果、梨、香蕉、草莓、柚子、菠萝、芒果、西瓜等。鲜果既可以制作馅心，又可以直接制作羹、冻类面点。

干果又称果仁，是指各种可食干果种子的总称。干果营养价值较高，如核桃、板栗、花生、莲子、松子、榛子、腰果等。干果是面点馅心制作的常用原料，多采用烤、炸、煮、炒等方法加工，如五仁馅、百果馅、莲蓉馅、栗蓉馅等。

果品制品是指以鲜果为原料，经脱水干制、加糖煮制或用糖腌渍等方法加工而成的果类制品。果品制品具有独特风味及色泽，一般用于面点装饰，主要包括果干、果脯、蜜饯、果酱等几类，如红枣、葡萄干、桂圆干、苹果脯、杏脯、糖冬瓜、青红丝、蜜饯红果、桂花酱、苹果酱、草莓酱等。

红枣　　糖冬瓜　　桂花酱

四、粮食制品原料

粮食制品是以谷类、豆类、薯类等为原料，经加工制成的烹饪原料，根据加工原料的不同可分为谷制品、豆制品和淀粉制品三类。

谷制品是以面粉、大米为原料加工而成的粮食制品，如挂面、面筋、年糕、米线、糍粑等。

豆制品是以各种豆类为原料加工而成的粮食制品，一般可分为以下三类：(1)豆浆和豆浆制品，如腐衣、腐竹等；(2)豆脑制品，即用点卤凝固后的豆脑制成的豆花、豆腐脑、豆腐、豆干等；(3)豆芽制品，即成熟的豆粒在适宜的温度、湿度等条件下发芽形成的芽菜，如黄豆芽、绿豆芽、豌豆芽、花生芽等。

淀粉制品是以淀粉为原料加工而成的粮食制品，如粉丝、粉条、粉皮、西米等。

粮食制品大多本身没有特别显著的口味，常作为面点馅心制作的配料，与鲜味较好的原料搭配效果更佳。

五、豆类原料

豆类在面点中是制作泥蓉馅的常用原料，如赤豆、绿豆、豌豆、蚕豆等。豆类制馅时可以煮熟、捣烂后制成豆泥馅，也可以将豆泥再进一步加工制成豆沙馅。

绿豆沙

六、干货类原料

干货类原料又称干货、干料，是将鲜活的动、植物原料经加工、脱水、干制而成。干货原料含水量少，组织紧密，质地干、老、硬、韧，具有独特风味，易于保管，便于运输。

根据原料性质和特点，干货原料可分为植物性干货原料和动物性干货原料，经涨发后可在面点馅心制作中广泛应用。

植物性干货原料是指将陆生、水生植物经脱水干制而成的制品，主要包括干菜类、食用藻类、食用菌类、药材类等。在面点馅心制作中常用的有黄花菜、干豆角、梅干菜、玉兰片、雪里蕻、木耳、香菇、银耳、猴头菇、人参、当归等。

黄花菜

玉兰片

木耳

香菇

银耳

猴头菇

当归

动物性干货原料是指将陆生、水生动物经脱水干制而成的制品，主要包括陆生动物类、海味动物类、淡水动物类等。在面点馅心制作中常用的有海米、虾皮、干贝、淡菜、蛏干、海参、蟹黄、蟹子等。

海米 虾皮 淡菜

蛏干 海参

第三节 辅助原料

辅助原料是指除主料和调料之外，在面点制作过程中用于改善面团工艺性能，改

善面点色、香、味，提高面点营养价值的原料。在面点制作中常用的辅助原料有油脂、糖、蛋、乳及乳制品、食品添加剂等。

一、油脂

油脂是油和脂的总称，常温状态下呈液态的称为油，呈固态或半固态的称为脂。在面点制作中常用的油脂有植物油、动物油、再加工油脂三类。

1. 面点制作中常用油脂

（1）植物油

植物油是指从植物的种子中提取的油脂，常温下呈液态，根据原料不同可分为花生油、豆油、菜籽油、芝麻油等。

1）花生油。花生油是从花生中提取的油脂，以透明清亮、色泽浅黄、气味芳香、无水分杂质、不浑浊、无异味为佳。花生油饱和脂肪酸含量较高，在我国北方春、夏、秋三季呈液态，低温下呈黄色半固体状态，在面点制作中可用于调制面团、制馅或作炸制油。

2）豆油。豆油是从大豆中提取的油脂，以色泽淡黄、生豆味淡、油液清亮、不浑浊、无异味为佳。豆油营养价值较高，常用于面点制作。

3）菜籽油。菜籽油是从油菜籽中提取的油脂，以色泽黄亮、气味芳香、不浑浊、无异味为佳。菜籽油有特殊芥酸的气味，常温下呈液态，是制作色拉油、人造奶油的原料油。

4）芝麻油。芝麻油又称麻油、香油，是从芝麻中提取的油脂，具有特殊香气和抗氧化作用，以色泽光亮、香味浓郁、无水分、无杂质、不涩口、不浑浊为佳，常用于调味和制作高档面点。

（2）动物油

动物油是指从动物的脂肪组织或乳中提取的油脂，常温下呈固态或半固态。动物油具有熔点高、可塑性强、起酥性好、风味独特的特点。面点中常用的动物油主要有猪油、牛油、羊油、鸡油、奶油等。

1）猪油。猪油又称大油，是从猪的脂肪组织中提炼的油脂，常温下呈固态，以色白质软、无杂质、香而无异味为佳。

猪油根据提取部位不同可分为板油、内脏油、肥膘油，其中板油质量最好。猪油是中式面点制作的重要辅助原料，猪板油熔点高、色泽洁白、起酥性好，多用于起酥类面点制作；内脏油和肥膘油熔点较低，可塑性较差，多用于馅心制作。

2）牛油。牛油是从牛的脂肪组织中提炼的油脂，常温下呈固态，具有特殊气味，熔点高于人的体温，不易被人体消化吸收，可塑性强，起酥性较好，多用于酥类糕点制作，也可用于制作油茶、炒面等，还可作为人造奶油和起酥油的原料。

3）奶油。奶油又称白脱油、黄油，是从牛乳中分离加工制成的油脂，常温下呈黄色固态，具有特殊香味，含水、乳糖、蛋白质、维生素、色素等，熔点低于人的体温，易于被人体消化吸收，营养价值较高。奶油中含有较多的饱和脂肪酸甘油酯和磷脂，使得奶油具有良好的可塑性和稳定性。奶油常用于酥点制作和面点装饰。

（3）再加工油脂

再加工油脂是指将油脂进行二次加工而成的油脂产品。常用的再加工油脂有氢化油、人造奶油、起酥油、色拉油等。

氢化油

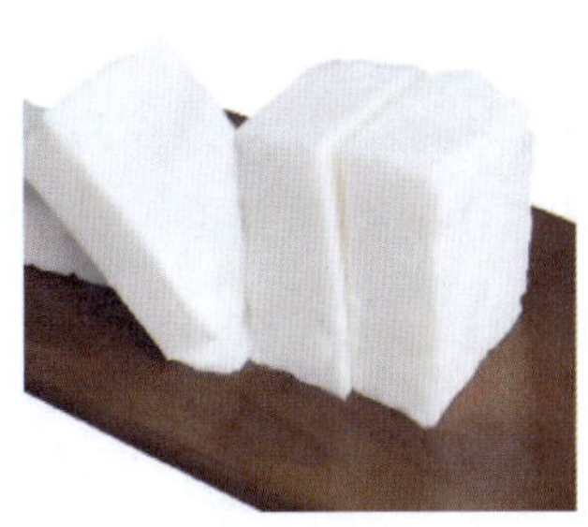

白色起酥油

黄色起酥油

1）氢化油。氢化油又称硬化油，是经过氢化的油脂，多采用植物油和部分动物油为原料，如豆油、花生油、葵花籽油、猪油、牛油、羊油等。氢化油很少直接食用，多作为加工人造奶油、起酥油的原料。

2）人造奶油。人造奶油又称麦淇淋、玛淇淋，是以氢化油为主要原料，添加乳化剂、色素、香料、盐、维生素、防腐剂、抗氧化剂等，经混合、乳化等工艺制成的再加工油脂。人造奶油的主要成分类似天然奶油，常温下不融化、不变形，具有良好的延伸性，主要用于面包、糕点的制作。

3）起酥油。起酥油是以精炼的动、植物油脂和氢化油，经混合、冷却、塑化等工艺加工制成的再加工油脂。起酥油呈白色或淡黄色，质地均匀，具有良好的可塑性、乳化性、吸水性和稳定性，不能直接食用，常作为加工糕点、面包、饼干等食品的原料油脂。

4）色拉油。色拉油又称沙拉油、精炼油，是植物油经脱色、脱胶、脱臭、脱蜡、脱酸、脱脂等工序精制而成的高级食用植物油。色拉油呈淡黄色，清澈透明，无异味，稳定性好。色拉油是优质炸制油，能保持制品原有的口味和色泽。

2. 油脂在面点制作中的作用

（1）提高制品营养价值，为人体提供热量、脂肪酸、磷脂、维生素等营养成分。

（2）改善面团物理性质，降低面团弹性、韧性、黏性，增强可塑性，以利于制品工艺操作。

（3）作为传热介质，使制品达到香、酥、脆、嫩的质地和口感。

（4）改善制品色泽，增加制品香味。

（5）保持制品组织柔软、滋润，延长制品保质期。

二、糖

糖是面点制作中重要的辅助原料，除了可以作为甜味原料使面点具有甜味外，还能改善面团的品质。面点制作中常用的糖类主要有食糖、糖浆、蜂蜜、糖精等。

1. 面点制作中常用糖类

（1）食糖

食糖是从甘蔗、甜菜中提取的甜味物质，主要成分是蔗糖，根据加工精度、形态、色泽，通常可分为白砂糖、绵白糖、红糖、冰糖等。

1）白砂糖。白砂糖简称砂糖，白色颗粒晶体，无杂质，无异味，为精制砂糖，纯度高。按晶粒大小可分为粗砂、中砂、细砂三种，细砂糖在面点中应用较为普遍，粗砂糖和中砂糖在面点中使用时，为避免制品表面出现斑点，可擀碎或溶成糖水后使用。

2）绵白糖。绵白糖又称细白糖，晶粒细小、均匀，颜色洁白，因在制糖过程中加入了 2.3% 左右的转化糖浆，故质地绵软、细腻，甜味较白砂糖高。

3）红糖。红糖又称土红糖，是以甘蔗为原料土法生产的食糖，按外观不同可分为红糖粉、片糖、碗糖、糖砖等。红糖纯度较低，颜色呈棕黄色、红褐色或黄褐色，晶粒较小，易潮解，滋味浓，在面点中能起到增色、增香的作用。

4）冰糖。冰糖由白砂糖熔成糖浆后重新结晶而制成，晶体大，纯度高，因形似冰块，故称冰糖。冰糖在面点中可以制作糕点馅心，也可以用于甜羹、汤类的制作。

（2）糖浆

糖浆是淀粉不完全糖化的产物，或是由一种糖转化为另一种糖时所形成的黏稠的液体或水溶液的甜味物质。常见的糖浆有饴糖、葡萄糖浆等。

1）饴糖。饴糖又称糖稀、麦芽糖，是以谷物为原料，利用淀粉酶的作用水解淀粉而制成的糖浆，其主要成分为麦芽糖和糊精，呈黏稠状液体，色泽淡黄而透明，甜度较弱。饴糖在面点制作中可代替部分食糖使用，可使制品质地均匀、滋润、绵软，具有独特风味。

2）葡萄糖浆。葡萄糖浆又称淀粉糖浆，是淀粉在酸或酶的作用下，经不完全水解而制成的糖浆，其主要成分有葡萄糖、麦芽糖、糊精等，易被人体吸收，呈无色或淡黄色浓稠液体，能防止蔗糖返砂结晶，利于面点制品成形。

（3）蜂蜜

蜂蜜又称蜂糖，是蜜蜂采集植物花蜜后在蜂巢中酿制而成的黏稠状甜味物质，其主要成分为葡萄糖和果糖。蜂蜜风味独特、营养丰富，以色泽白黄、半透明、水分少、味纯正、无杂质、无酸味为佳。蜂蜜可直接食用，在面点制作中能使制品松软爽口、质地均匀、不易翻硬、富有弹性。

（4）糖精

糖精又称假糖，是从煤焦油中提炼出来的人工甜味物质。糖精为无色晶体，无营养价值，水溶液甜度为蔗糖的 300 ~ 500 倍。使用糖精时应避免长时间加热或用于酸性食物中，否则易产生苦味。

2. 糖在面点制作中的作用

（1）改善面点制品的色、香、味、形

糖的焦糖化作用和美拉德反应可使面点制品的表面呈现金黄色或棕黄色，并产生美好香味。糖能增加面点制品的甜味，提高制品营养价值。糖在面点制作中还能改善面点制品组织形态，使制品外形膨大。

（2）改善面团物理性质

糖的反水化作用可以调节面筋的胀润度，增加面团的可塑性。

（3）调节面团发酵速度

糖是酵母发酵的主要能量来源，有助于酵母的繁殖和发酵，但糖的用量不宜过多，否则会抑制酵母的繁殖，延长发酵时间。

（4）延长制品保质期

由于糖的渗透压作用，能有效抑制微生物生长繁殖，提升制品防腐能力，延长制品保质期。

三、蛋品

蛋品是面点制作中的重要辅助原料，不仅可以用于制作馅心，而且可以用于调制面坯。蛋品种类较多，面点中常用的有鲜蛋、冰蛋、干蛋、再制蛋等。

1. 面点制作中常用蛋品

（1）鲜蛋

在面点制作中通常使用的鲜蛋有鸡蛋、鸭蛋、鹅蛋等，由于鸭蛋、鹅蛋腥味较重，而鸡蛋凝胶性强、蛋白起泡性好、味道鲜美、营养价值高，因此制作面点时主要使用鲜鸡蛋。

（2）冰蛋

冰蛋是将蛋液搅拌均匀，在 –25 ~ –30 ℃的低温下冻结而成，可分为冰全蛋、冰蛋黄和冰蛋白三种。冰蛋保持了鲜蛋的营养和滋味，但质量较鲜蛋稍次，使用时解冻即可。

冰全蛋

冰蛋黄

冰蛋白

（3）干蛋

干蛋制品包括蛋粉、干蛋白、干蛋片等，以蛋粉最为常用。蛋粉可分为全蛋粉和蛋黄粉，它较好地保持了鲜蛋的营养成分，且具有使用方便、卫生、易储存等特点，但其起泡性差，不适合制作膨松面点制品。

蛋粉

（4）再制蛋

再制蛋主要包括皮蛋、咸蛋、糟蛋等，均为采用独特工艺改变鲜蛋的化学性质再制而成。再制蛋风味独特，在面点中多用于馅心的制作。

2. 蛋品在面点制作中的作用

（1）提高面点制品的营养价值。

（2）改善面点的色、香、味。制作面点时加入蛋液或将蛋液刷在生坯表面，经焙烤或油炸后能使制品呈现金黄色泽，且具有浓郁蛋香味。

（3）改善面团组织状态，提高制品疏松度和绵软性，并能延长制品保质期。

（4）促进原料黏结成团。

四、乳品

乳品是面点制作中的重要辅助原料之一，含有水、蛋白质、脂肪、糖类、无机盐、维生素等营养成分，乳香味浓。面点中常用的乳品有鲜奶、奶粉、炼乳、淡奶、酸奶等。

1. 面点制作中常用乳品

（1）鲜奶

鲜奶又称鲜乳，主要有牛奶、羊奶、马奶等，在面点制作中最为常用的鲜奶为牛

奶。牛奶呈乳白色或稍带微黄色，不透明液体状，有乳香味。牛奶营养丰富，但因含水量高而不易保管。此外，牛奶的吸附性较强，贮存时谨防串味。

（2）奶粉

奶粉又称乳粉，是以鲜奶为原料，经浓缩喷雾干燥或真空干燥而制成，包括全脂奶粉和脱脂奶粉两大类。

奶粉保持了鲜奶的原有风味，含水量低，便于保存，因其有较强的吸湿性，故应密封保管。

（3）炼乳

炼乳又称浓缩乳，是将鲜奶消毒后经真空蒸发、浓缩、装罐、杀菌而制成，主要有甜炼乳和淡炼乳两种。

甜炼乳又称加糖炼乳，是鲜奶中加入 15% ~ 16% 的蔗糖并浓缩至原体积的 40% 左右制成的乳制品，呈淡黄色，黏度适中。淡炼乳又称无糖炼乳，是鲜奶不加糖浓缩至原体积的 50% 左右制成的乳制品，呈淡奶油色或乳白色，黏度适中。

（4）淡奶

淡奶又称蒸发奶，是鲜奶经蒸馏去除一部分水分后制成的乳制品，其浓稠度介于鲜奶与炼乳之间，乳糖含量高于鲜奶，奶香味浓。

炼乳

淡奶

（5）酸奶

酸奶是将鲜奶消毒后，添加乳酸菌，经发酵而制成的乳制品，呈黏稠糊状，具有爽口酸味和奶香味，可直接饮用，也可用于面点制作，需冷藏保存。

2. 乳品在面点制作中的作用

（1）提高面点制品的营养价值。

（2）改善面坯的工艺性能。乳品具有良好的乳化性，能使面点制品膨松柔软，同时乳品还能调节面筋的胀润度，使面坯不收缩。

（3）改善面点制品的色、香、味。乳品中的乳糖以及乳品本身所具有的乳黄素、胡萝卜素等物质，对改善面点制品的色、香、味具有一定的作用。

（4）延缓面点制品老化。乳品中的蛋白质、无机盐等成分能有效延缓面点制品的老化进程。

五、水

水是面点制作的重要辅料之一，正确认识和使用水是面点制作的重要保障。

1. 水对面点制作的影响

水对面点制作的影响主要表现在水量、水温和硬度三个方面。

水量影响面坯的软硬程度。水量大，面坯软；水量小，面坯硬。

水温影响面筋蛋白质的胀润度和淀粉糊化程度，从而影响面坯筋力。水温高，面筋蛋白质变性和淀粉糊化的程度高，面坯筋力弱；水温低，面筋蛋白质变性和淀粉糊化的程度低，面坯筋力强。此外，水温还能影响面坯的温度，进而影响面坯的发酵速度。

水的硬度随水中钙、镁等离子含量增多而增高。水的硬度过高，面筋硬化，韧性增大，不利于面坯发酵和操作，制品口感粗糙；水的硬度过低，面筋过度软化，面坯黏度大，不利于制作，制品体积小，出品率低。

2. 水在面点制作中的作用

（1）溶解可溶性原料，使各种原料充分混合成为面坯。

（2）促进面筋网络形成，使面坯具有良好的弹性和韧性。

（3）使淀粉膨胀糊化，面坯具有可塑性。

（4）调节面坯湿度和软硬程度。

（5）促进面坯发酵。

（6）可作为面点成熟的传热介质。

（7）保持面点制品柔软、湿润的口感。

六、食盐

食盐既可用于面点馅心调味，又可用于面坯调制，是面点制作的重要辅料。

1. 食盐的种类

食盐按来源可分为海盐、湖盐、井盐、矿盐，按加工程度可分为原盐（粗盐）、洗涤盐（加工盐）、精制盐（再制盐）。

食盐的主要成分是氯化钠，因原盐和洗涤盐中含有其他成分，味道苦涩，故面点制作中主要选用精制盐。精制盐呈粉末状，色泽洁白，颗粒细小，无杂质，无苦涩味，咸味纯正。

2. 食盐在面点制作中的作用

（1）改善面点制品的风味。适量的食盐能起到增强面点制品风味的作用。

（2）改善面坯的工艺性能。面坯中加入 1% ~ 5% 的食盐，能使面筋的性能得到改良，从而增加面坯的弹性、韧性和延伸性。

（3）调节面坯发酵速度。适量的食盐可作为酵母的营养剂，促进其生长繁殖，但过量添加食盐反而会产生较高的渗透压，从而抑制酵母的生长，降低发酵速度。

（4）改善面点制品的色泽。面坯中加入适量食盐能使面坯内部组织变得更加细密，从而使制品显得洁白。

七、食品添加剂

食品添加剂是指为改善食品品质和色、香、味，以及为防腐、保鲜和加工工艺的需要而加入食品中的人工合成物质或者天然物质。面点制作中常用的食品添加剂有膨松剂、食用色素、食品香料、增稠剂等。

1. 膨松剂

膨松剂又称疏松剂、膨胀剂，是指能使食品体积膨大、组织疏松的食品添加剂，主要包括化学膨松剂和生物膨松剂两大类。

（1）化学膨松剂

化学膨松剂是指在一定条件下受热分解或发生化学反应产生气体，使面点制品疏松的膨松剂。在面点制作中常用的有小苏打、臭粉、泡打粉和食碱等。

1）小苏打。小苏打又称苏打粉、小起子、食粉，学名碳酸氢钠，呈白色粉末状，无臭，味咸，易溶于水，常温下稳定，在潮湿或热空气中易分解产生二氧化碳，分解温度在 50 ℃以上，加热至 270 ℃完全分解。小苏打分解产生碳酸钠、二氧化碳和水，分解后会在制品中残留碳酸钠，使用过量会使制品呈碱味，并影响制品色泽，使制品表面呈现黄色斑点。在使用老面发酵面坯制作面点时加入适量小苏打，可中和面坯中过量的酸。

2）臭粉。臭粉又称大起子，学名碳酸氢铵，呈白色结晶粉末状，有氨臭味，易溶于水，易潮解，对热不稳定，分解温度低，35 ℃即可分解，加热至 60 ℃完全分解。臭粉分解产生二氧化碳、氨气和水。臭粉产气量大，起发力强，制品膨胀速度快，易造成内部组织不均匀、粗糙，此外，臭粉的氨气味较为刺激，易影响制品风味，故臭粉在面点制作中一般不单独使用，常与小苏打混合使用。

3）泡打粉。泡打粉又称发酵粉、发粉、焙粉，是一种膨松剂，呈白色粉末状，无异味，遇水易分解，产生二氧化碳。泡打粉主要由碱性膨松剂、酸性物质和填充剂组成。碱性膨松剂一般使用小苏打，酸性物质常用磷酸氢钙、磷酸二氢钙、酒石酸等，填充剂一般为淀粉。

泡打粉是根据酸碱中和原理配制而成的复合膨松剂，生成物呈中性，较好地规避了小苏打和臭粉各自的不足，用其制作的面点制品组织均匀、质地细腻、色泽自然、口味纯正。

4）食碱。食碱又称苏打、纯碱，学名碳酸钠，呈白色粉末状，易溶于水，有吸湿性，稳定性较强，受热不易分解，遇酸性物质能产生二氧化碳。调制老面发酵面坯时添加适量食碱能中和面坯发酵过程中产生的酸性物质。制作冷水面坯制品时添加适量食碱可增强面坯弹性、韧性和延伸性，使成品口感筋道、爽滑。

（2）生物膨松剂

面点制作中常用的生物膨松剂主要是酵母。酵母是一种单细胞真菌，在适宜条件下生长繁殖，产生二氧化碳，使面坯发酵膨胀。传统中式面点制作工艺中还经常使用面肥作为膨松剂发酵面坯，因面肥中含有酵母，故面肥也属于一种生物膨松剂。

1）鲜酵母。鲜酵母又称压榨酵母，呈淡黄色块状，有特殊香味，含水量为 71% ~ 73%，发酵力强而均匀，但不易保存，需在 0 ~ 4 ℃的低温下保存。

2）活性干酵母。活性干酵母是由鲜酵母经低温干燥而成，色黄，呈颗粒状，含水量在 8% 左右，便于储存，发酵力强，使用前需经温水活化处理。

3）即发活性干酵母。即发活性干酵母又称快速活性干酵母，其活性远远高于鲜酵母和活性干酵母，颗粒小，发酵力强，使用时不需活化，发酵速度快，活性稳定，便于保存。

4）面肥。面肥又称老面、老肥、酵种、面起子等，是指前一次用剩下的面坯。面肥中除了含有大量酵母菌外，还含有一定的产酸菌，在面坯发酵过程中酵母生长繁殖产生气体使面坯膨胀，同时产酸菌产酸使面坯具有独特风味，但过量的酸会影响制品口味和面坯发酵，需添加适量的碱性物质中和。

鲜酵母

活性干酵母

面肥

2. 食用色素

食用色素是指用于食品着色的食品添加剂，一般用于面坯、馅心调色和制品表面装饰，能起到较好的美化作用。按来源和性质，食用色素可分为天然食用色素和人工合成色素两种。

（1）天然食用色素

天然食用色素是指从动、植物组织中提取的色素，安全性高，一般对人体无害，有的还具有一定的营养价值。天然食用色素色调自然，但不易着色均匀，不易调色，稳定性差，提取工序较为复杂，成本较高。面点制作中常用的天然食用色素有叶绿素、姜黄素、胡萝卜素、红曲素、焦糖等。

（2）人工合成色素

人工合成色素是以煤焦油为原料制得的，色泽鲜艳，性质稳定，着色力强，易调色，使用方便，成本低廉，但人工合成色素本身无营养价值，一般对人体均有一定毒性，故使用时应当严格执行国家食品添加剂使用卫生标准。目前国家规定可以使用的人工合成色素有苋菜红、胭脂红、柠檬黄、日落黄、靛蓝等。

姜黄素 胡萝卜素

红曲素 人工合成色素

3. 食品香料

食品香料是指用于改善、提高食品风味而添加的香味物质，根据来源不同可分为天然香料和人工合成香料两大类。

（1）天然香料

天然香料包括植物性香料和动物性香料，在面点制作中主要使用植物性香料。植物性香料一般从植物的花、叶、茎、果皮、果仁等组织中提取，如桂花、茉莉花、青梅、山楂等。

（2）人工合成香料

人工合成香料按组成可分为单体香料和合成香料两大类。单体香料是从煤焦油中提取或从植物性香料中分离出来的单体化合物。合成香料又称香精，是由天然香料和单体香料调和配制而成，按制造方法不同又可分为水溶性香精和脂溶性香精。面点制品一般都需要经高温熟制，而水溶性香精易于挥发，所以在面点制作中常使用脂溶性香精。

4. 增稠剂

增稠剂又称胶凝剂，是指能改善食品的物理性质，增加食品黏稠性，具有稳定乳化状态和悬浊状态作用，赋予食品黏滑适口口感的食品添加剂。

增稠剂对保持流态食品、胶冻食品的色、香、味、形具有重要作用。面点制作中常用的增稠剂有琼脂、明胶、果胶等。

（1）琼脂

琼脂又称琼胶、洋菜、冻粉，是从藻类中提取的多糖类物质，无色或淡黄色，呈半透明条状、片状或粉状，无臭，味淡，不溶于冷水，易溶于沸水。

琼脂的吸水性和持水性强，溶于沸水即形成溶胶，溶胶的凝固温度较高，使用方便，常用于糕点、冻类面点的制作。

琼脂条

琼脂粉

（2）明胶

明胶又称鱼胶、全力丁、吉利丁，是由动物胶原蛋白水解而成的高分子多肽物质，白色或淡黄色，呈透明的片状或粉末状，无臭，无味，不溶于冷水，可溶于热水，冷却后形成凝胶，常用于冷冻点心的制作。

明胶片

明胶粉

（3）果胶

果胶是指从植物果实中提取的多糖类物质，呈白色或淡黄色粉末状，易溶于水，对酸性溶液稳定，在面点中常用于制作冻制甜食、果酱馅料，并能防止糕点硬化。

第四节 调味原料

调味原料是指在烹饪过程中用于调和食物口味的原料。调味原料种类繁多，一般按调味原料味型将其分为咸味调料、甜味调料、酸味调料、鲜味调料和香辛调料。

调味原料在面点中除用于馅心制作外，还可直接用于面坯调制，具有杀菌消毒、除异增香、改善色泽、保护营养等作用。

一、咸味调料

咸味是烹饪中的主味，是大多数复合味型的基础味。面点中常用的咸味调料有食盐、酱油、酱等。

1. 食盐

食盐是主要的咸味调料，在面点中不仅可用于调味，而且在制作动物性原料馅心时，加入适量的盐，还能提高蛋白质的水化能力，增加馅心黏稠度，在调制面坯时加入适量盐，可以改善面坯的工艺性能，使其更具弹性和韧性。

2. 酱油

酱油是以大豆、小麦、麸皮、食盐和水等为原料，经微生物发酵酿制而成的液体调味品，色泽红褐，鲜艳透明，香气浓郁，无沉淀，无浮沫，滋味鲜美纯正。

酱油是我国传统的咸味调味品。按形态可分为液体酱油、固体酱油、粉末酱油；

按加工方法可分为酿造酱油和化学酱油。

酱油在面点中主要用于馅心制作，起到增加咸味去腥解腻、调色增香等作用，此外，酱油还可以作为蘸料使用。

液体酱油

固体酱油

粉末酱油

3. 酱

酱是以豆类、谷类及其副产品为主要原料，经微生物发酵制成的糊状调味品，色泽黄褐至红褐色，滋润光亮，酱香浓郁，咸淡适口。根据原料的不同，酱主要分为豆酱（黄豆酱、蚕豆酱、杂豆酱）、面酱和复合酱。

酱在面点中一般用于馅心制作，主要起增色、增香、解腻等作用，也可供面点制品涂面、蘸食使用。

黄豆酱

面酱

二、甜味调料

甜味调料在调味中的作用仅次于咸味调料，既可作为基本味单独成味，又可用于复合味的调制，还能起到提鲜、矫味、去苦、去腥等作用，常用的甜味调料有食糖、糖浆、蜂蜜、糖精等。

三、酸味调料

酸味是五味之一，在烹饪中应用广泛，但一般不宜单独使用，可用于复合味的调制，具有去腥解腻、提味增鲜、杀菌消毒、增进食欲、促进消化等作用，常用的酸味调料有食醋、番茄酱、柠檬酸等。

1. 食醋

食醋是指以谷物及其副产品为原料，经微生物发酵酿制而成的酸性液体调味品。食醋的主要成分为醋酸，按制作方法一般分为发酵醋和合成醋两大类。

发酵醋有米醋、果醋、糖醋、酒醋等，以米醋质量为最佳。合成醋是由食用冰醋酸、水、食用色素配制而成，质量较差。

食醋不耐高温，易挥发，熟制时应注意加入时间。

2. 番茄酱

番茄酱是以成熟鲜番茄为原料，经破碎、打浆、去皮和籽后，浓缩、装罐、杀菌制成的酱状调味料。番茄酱色泽红润，质地细腻，味酸甜，主要用于复合味的调制，以突出制品的色泽和风味。

3. 柠檬酸

柠檬酸为无色半透明晶体，酸味极强，易溶于水。柠檬酸常用于糖果、饮料的配制，在面点中可中和面坯的碱性，也可在熬制糖浆时充当还原剂，使糖浆不易翻砂。

四、鲜味调料

鲜味调料是指用于增加食品鲜味的调味品。鲜味不能独立成味，需在咸味的基础上才能体现。鲜味调料包括从植物性原料中提取的味精、香菇粉、笋油、菌油等，以及用动物性原料制得的鸡精、高汤、蚝油、鱼露、虾油等。

1. 味精

味精是用小麦的面筋蛋白质或淀粉，经水解法或发酵法制成的调味品，呈白色结晶或粉末状，无臭，对光稳定，易溶于水，吸湿性强，主要成分为谷氨酸钠，使用浓度为 0.2% ~ 0.5%，最佳溶解温度为 70 ~ 90 ℃，是烹饪中应用最广的鲜味调料，在面点中主要用于馅心的调味。

2. 蚝油

蚝油是用鲜牡蛎干制加工时的汤汁经浓缩制成的浓稠状液态调味品，色泽棕黑，质地细腻，稠度适中，鲜味浓郁，有光泽。蚝油含有丰富的微量元素和氨基酸，具有提鲜、增香、补色的作用。

3. 鱼露

鱼露又称鱼酱油，是用小鱼、虾、贝及鱼加工品的边角料，经粉碎、腌渍、发酵、熬炼而制成的液体调味料。鱼露含有多种氨基酸、无机盐、维生素等营养成分，味道鲜美，营养丰富，可用于馅心调味，也可做味碟（蘸料）使用。

五、香辛调料

香辛调料是指在烹饪中使用的使食物具有特殊香气或刺激性成分的调味物质。香辛调料呈味成分主要来源于其本身所含的醇、酮、酚、醚、醛、酯、萜、烃及其衍生物等挥发性成分。香辛调料在烹饪中具有去腥解腻、增香上色、消毒杀菌、刺激食欲、帮助消化等作用。

香辛调料种类繁多，大多来源于植物的根、茎、叶、花、果实、种子，一般为鲜品和干制品，根据其在烹饪中的作用不同可分为麻辣调料和香味调料。

面点制作中常用的麻辣调料有辣椒、花椒、胡椒、芥末等；香味调料有八角、小茴香、桂皮、丁香、陈皮、豆蔻、草果、料酒等。

辣椒

花椒

胡椒

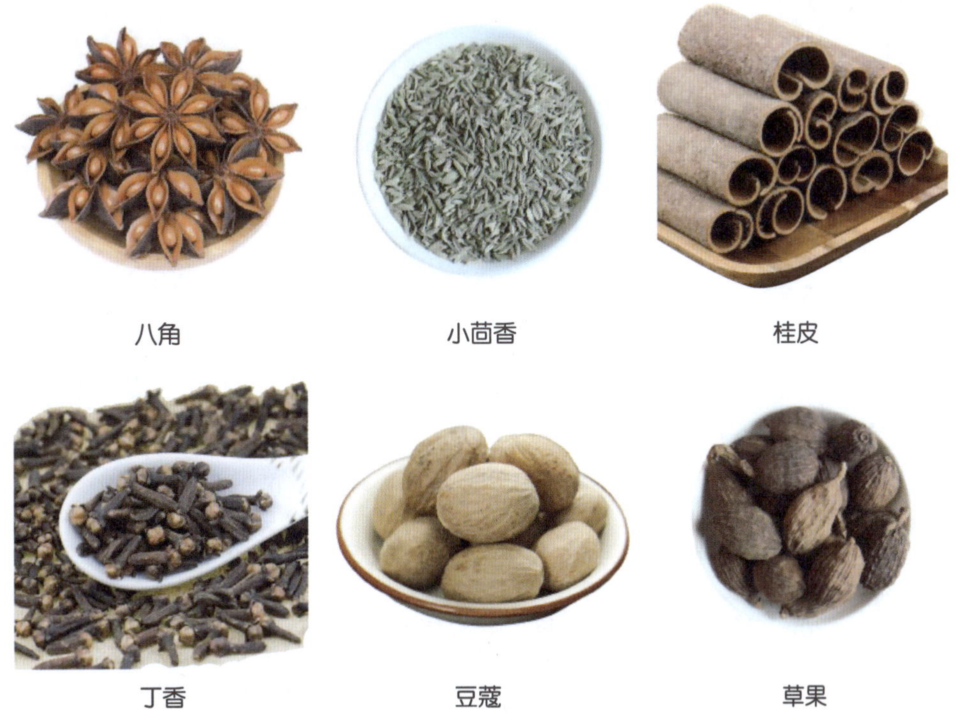

八角　小茴香　桂皮

丁香　豆蔻　草果

本章小结

本章主要学习常用面点原料的种类、特点、营养成分、理化性质及其在面点制作中的工艺性能和作用。通过本章学习，能够认识、鉴别和选择各种常用面点原料，并在此基础上能够合理选用、搭配面点原料，以保证制作的面点既能满足人们的生理和心理需求，也能符合食品安全卫生要求。

思考与练习

1. 在现代物流业的支撑下，食材早已打破地域限制，如何充分了解及运用食材，实现兼容并蓄，助力区域面食技艺的发展与融合？

2. 中式面点以手工制作为主，如何运用标准化操作工艺确保面点制品质量的稳定性？

第三章

设备工具

学习目标

知识目标：

1. 能熟知面点制作常用设备与工具的种类、特点、用途。

2. 能归纳总结并熟练表述面点制作常用设备与工具的安全操作规程、卫生清洁方法、维护保养知识。

技能目标：

1. 能在教师指导下安全、熟练地使用面点制作常用设备与工具。

2. 能独立完成面点常用设备与工具的卫生清洁、维护保养。

3. 能养成安全、卫生的职业习惯。

中式面点多以手工制作为主，社会餐饮业的飞速发展，对中式面点制作在新材料、新工艺、新方法等方面提出了更高的要求，使得面点制作设备与工具的使用更加广泛。这些设备与工具具有先进、美观、耐用的特点，且具多功能性，不仅能提高面点制品质量，而且对减轻工作人员的劳动强度、提高工作效率、改善工作环境等也起到了非常重要的作用。

第一节 面点制作常用设备

面点制作常用设备种类较多，本节主要基于面点制作工艺流程的各个环节，介绍常用设备的种类、特点、用途、安全操作规程、卫生清洁方法和维护保养知识。

一、面团调制设备

1. 和面机

和面机又称调粉机、拌粉机，主要用于大量面坯的调制，是面点制作中面团调制的主要设备，有立式和卧式两种。

立式和面机

卧式和面机

使用时，要根据型号确定最大拌粉量，严禁超载，以免损坏机件。出料必须在机器停止运转时进行，严禁在和面机工作时将手伸进面斗内。

2. 压面机

压面机又称压皮机、揉面机，是加工面皮和揉面的专用设备，其作用主要是将松散的面团轧成紧密的、规定厚度的面片，并在压面过程中进一步促进面筋网络形成，使面团或面片具有一定的筋力和韧性。压面机适用于制面片、皮料及揉面。

根据压辊对数的多少，压面机可分为双辊压面机和多辊压面机两种。双辊压面机可用于各种不同厚度的皮料滚压，适用于小批量生产，多辊压面机主要用于批量生产。

3. 多功能搅拌机

多功能搅拌机又称打蛋器，一般为立式，主要用于面团调制、馅心搅拌、蛋液或奶油搅打等，通过搅拌桨的高速旋转搅打，实现对原料的混合、乳化、充气等作用，是面点制作中不可缺少的重要设备。

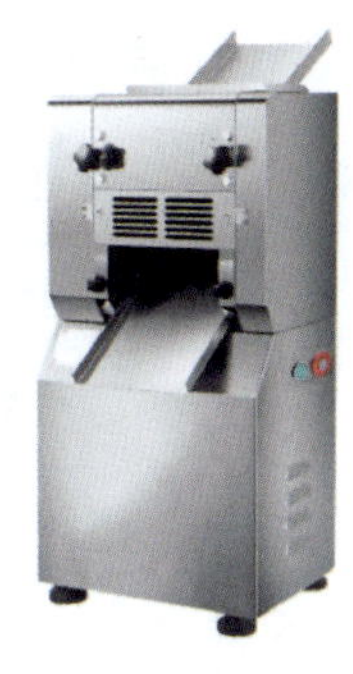

压面机

多功能搅拌机

多功能搅拌机常用的搅拌桨有球形、扇形和钩形三种。使用时，要根据加工原料性质不同，选择不同形状的搅拌桨。

球形搅拌桨是由很多粗细均匀的不锈钢钢条制成，在旋转时，可起到弹性搅拌作用，增加原料的摩擦机会，利于空气的混入，适于高速下搅拌蛋液、奶油、蛋糕糊等黏度较低的物料。

扇形搅拌桨一般是整体锻铸而成，强度较高，作用面积较大，适于搅拌馅料和膏状物料。

钩形搅拌桨是一种高强度整体锻造的搅拌桨，适于低速下搅拌面团、糖浆等高黏度的物料。

二、面点熟制设备

1. 炉灶

炉灶即传统明火炉灶，能源一般为煤、煤气、柴油、天然气等，在面点制作中用于以煮、蒸、炸等熟制方法将面点制品加热成熟，还可以用于馅心制作。因餐饮业对节能、环保、功效、卫生等方面的要求不断提高，现广泛使用天然气炉灶，这种炉灶具有火焰大、温度高、功能全面、操作方便等特点。

2. 电磁灶

电磁灶采用电磁感应加热，具有升温快、无明火、无烟尘、无废气、无热辐射、低噪音、节能环保、操作简便、易维护等特点。在面点制作中主要用于面点制品的成熟和馅心制作。

炉灶

电磁灶

3. 蒸箱

蒸箱是利用蒸汽传导热能，将面点制品加热至成熟的一种设备，具有操作方便、使用安全、清洁卫生、传热效率高等特点。

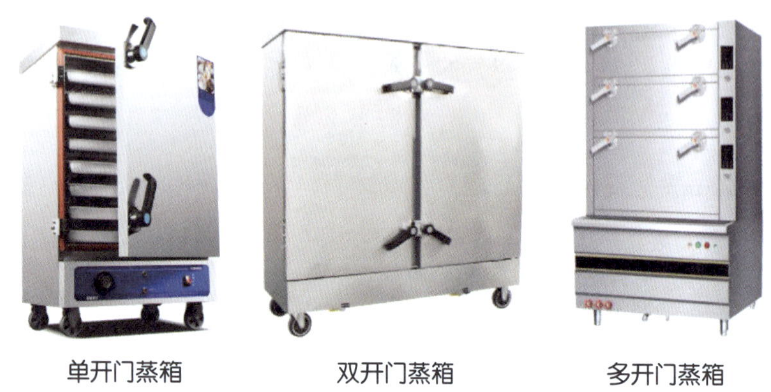
单开门蒸箱　双开门蒸箱　多开门蒸箱

4. 烤箱

烤箱又称烤炉，是利用对流、辐射、传导三种热能传递方式将面点制品烘烤成熟的设备，具有加热快、节能、卫生等特点。烤箱根据热源可分为电热烤箱和燃气烤箱两种，目前使用最广泛的是电热烤箱。电热烤箱箱体以方形为主，规格很多，大小不一，常用的有单门式、双门式、多层式，使用温度最高能达到 300 ℃。

5. 醒发箱

醒发箱又称发酵箱，是中式发酵面点制作不可缺少的专业设备，主要用于发酵面点制品成熟前生坯的醒发，工作原理是利用电热管加热水槽内的水，在箱体内形成符合制品生坯发酵的相对湿度和温度环境，可手动操作也可预设控制温度、湿度。使用时需注意避免干烧，并及时清洁箱内的残渣、污垢，保持箱内无异味。

6. 电饼铛

电饼铛是面点制作中常用的熟制设备，主要用于煎、烙面点制品的加热熟制，具有简单易用、升温快速、受热均匀、清洁方便等特点，常见的有立式和台式两种。

多层式电烤箱　　醒发箱　　电饼铛

7. 油炸炉

油炸炉是制作油炸面点制品的加热熟制设备，一般为长方形，以电加热为主，也有燃煤、燃气、燃油等多种加热方式，具有投料量大、工作效率高、温度可设定调节、自动滤油、操作方便等特点，在使用时需注意避免干烧。

8. 微波炉

微波炉的工作原理是利用磁控管产生高频微波振荡，使食物内部产生大量的热，并在短时间内被加热成熟，其特点是快速、节能、无油烟，能保持食物营养成分，加热均匀，不易着色。微波炉在面点制作中用于蒸、煮成熟及烘烤一些对色泽要求不高或无馅的制品，还可以用于原料解冻、预热以及面点成品复热。在使用时需注意装盛制品的容器不得使用金属或不符合加热标准的塑料器皿，应选用耐高温的瓷器及玻璃制品。

9. 万能蒸烤箱

万能蒸烤箱是集焙、蒸、烤、煎、煮、焖、烫、煲等于一身的多功能烹饪设备，主要由涡流风扇、加热系统、温度控制器、计时器、温度探针、加湿系统、排湿系统、控制单元、自动清洗系统等部分构成。万能蒸烤箱实现了烹饪多样化、自动化和智能化，烹制出的食品色、香、味俱佳，且混合烹饪不串味，保证原料营养成分不流失。

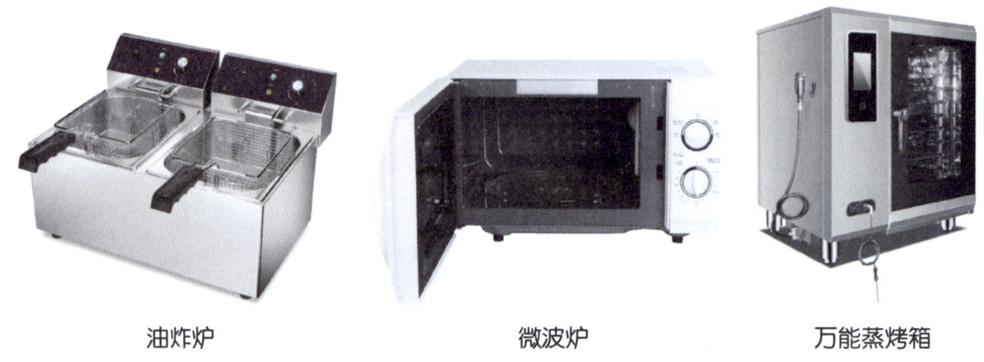

油炸炉　　微波炉　　万能蒸烤箱

三、辅助设备

1. 工作台

工作台是制作面点的操作台，又称案台，根据材质通常分为木质工作台、大理石工作台和不锈钢工作台三种。

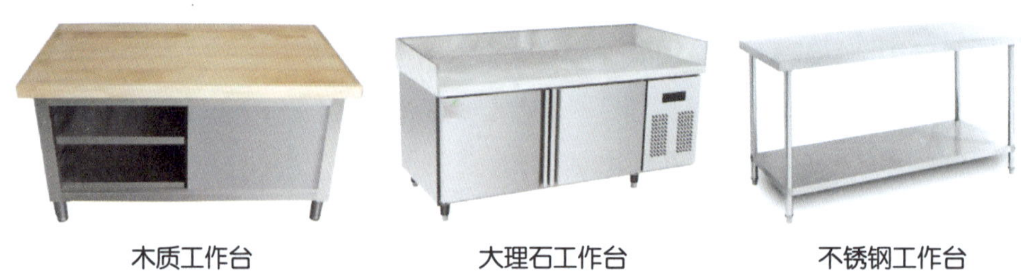

木质工作台　　大理石工作台　　不锈钢工作台

木质工作台又称案板、面板，由优质木材制成，用于调制面坯、制皮、成形等工序。木质工作台有搁板式和桌台式两种，搁板式工作台的特点是拆卸比较方便，使用灵活；桌台式工作台是利用下部空间做成柜橱或抽屉，用来存放各种工具、用品。工作台表面要求平整、光滑，拼接无缝隙，便于操作及清洁。

大理石工作台又称石案、石台板，台面用大理石制成，表面光滑、平整，是糖制工艺和巧克力工艺等某些特色品种制作的必要设备，大小按需要而定。

不锈钢工作台的台面由不锈钢板或合金铝板包木板制成，表面光滑，易于清洗，可代替大理石工作台使用，但一般不宜代替木质工作台使用。

2. 砧板

砧板属于切割枕器，是对烹饪原料进行切割加工时使用的垫托工具。砧板主要有天然木质的、塑料的和塑料复合型的三类，通常使用天然木质的。在实际工作中还会以颜色区别砧板的用途，实现砧板专用化，严防食品交叉污染，使烹饪加工更加卫生。

3. 冰箱（柜）

冰箱（柜）是厨房冷藏（冻）设备，主要用于面点原料、半成品或成品的冷藏保鲜或冷冻加工。冷藏室温度一般控制在 0 ～ 10 ℃，冷冻室温度控制在 –18 ℃以下。

4. 绞肉机

绞肉机又称碎肉机，是面点制馅中使用最为普遍的一种机械，主要功能是将整块原料绞制成细粒或肉糜。根据动力提供方式不同，绞肉机主要分为手动绞肉机和机动绞肉机两大类，后者生产效率更高，使用时需注意塞压物料要用专用工具。

5. 磨粉机

磨粉机又称干粉碎机，是粉碎面点原料的辅助机械，结构简单、操作方便，主要用于米、麦、豆、砂糖等原料的粉碎。

6. 磨浆机

磨浆机又称湿粉碎机，主要用于将豆类、米、面、花生、芝麻、杏仁等原料湿磨成浆。磨浆机具有体积小、重量轻、噪声小、浆料升温低、操作方便、易维护等特点。

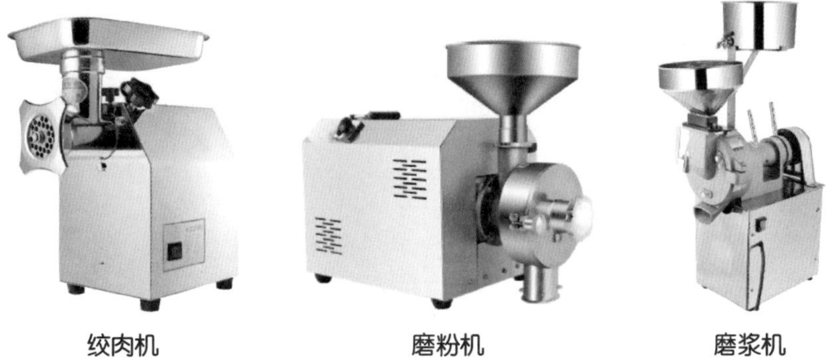

绞肉机　　磨粉机　　磨浆机

第二节　面点制作常用工具

面点制作常用工具种类较多，本节基于面点制作工艺流程的各个环节，介绍常用工具的种类、特点、用途、使用方法、卫生清洁方法和维护保养知识。

一、量取工具

量取工具主要用于面点原料（固体 / 液体）和成品重量的称量，原料、面团温度的测量以及制品形状大小的量取，具体见下表。

名称	图示	说明
台秤		台秤又称盘秤、磅秤，主要用于面点制作原料的称量，根据其最大称重量，有 1 千克、2 千克、4 千克、8 千克、10 千克等之分，使用前应调零
电子秤		电子秤是一种精确称量工具，操作方便，误差小，主要用于面点配料中添加剂的称量，如小苏打、泡打粉、酵母等，还常用于面点坯剂的称量

续表

名称	图示	说明
量杯		量杯是由玻璃、铝、塑料等材质制成的带有刻度的杯子，主要用于液态原料的称量，如水、油等，使用方便、快捷、准确
量匙		量匙是一种外形类似餐匙的称量工具，容量一般以毫升或克标记，主要用于少量原料（固体 / 液体）的称取，如添加剂、调味料等
厨用温度计	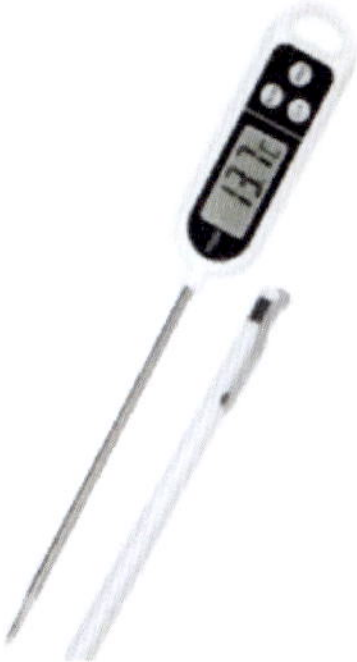	厨用温度计一般分为水银温度计、酒精温度计和电子温度计，主要用于测量室温以及液体原料或面团等的温度
量尺		量尺一般由木质、不锈钢、塑料等材质制成，最小刻度为 1 毫米，主要用于量取制品形状规格，并可用于面点制作时的直线切割

二、成形工具

中式面点的成形工艺技术性强、难度高，成形工具对面点的成形操作起到了很好的辅助作用（具体见下表），熟知并熟练运用成形工具是每一位面点从业者必备的职业技能。

名称	图示	说明
擀面杖		擀面杖又称擀面棍，圆柱形，表面光滑，粗细均匀，材料以木质为主，大小型号均有，主要用于擀制面皮、面饼等
单手杖		单手杖又称小面杖，圆柱形，粗细均匀，长25 ~ 35 厘米，直径约 2 厘米，由细质木料制成，常用于擀制小型坯皮，如饺子皮等
双手杖	 	双手杖一般有两种形状：一种为中间粗、两头细，长约 30 厘米；另一种形状与单手杖相同，但比单手杖细，直径约 1 厘米。双手杖由细质木料制成，主要用于擀制包子皮、水饺皮、烧麦皮等
通心槌		通心槌又称走槌、滚筒，一般由中心通孔的圆柱形或鼓形滚筒和轴组成，材料以木质为主，也有不锈钢、硅胶、铝合金等材质。主要用于擀制量大、形大的面皮。鼓形通心槌主要用于擀制烧麦皮

续表

名称	图示	说明
印模		印模是装饰馒头、糕点的专用工具，一般成套使用，材质有硬木或塑料，形状有方、扁、圆、长等，正面凹刻花纹图案，有单眼模和多眼模之分
卡模		卡模又称套模、花戳、切模，是用金属（铜、不锈钢等）制成的平面图案套筒，规格大小、形状图案较多。成形时，用卡模将擀制平整的坯料刻成规格一致、形态相同的半成品，常用于片形坯料的生坯成形
胎模	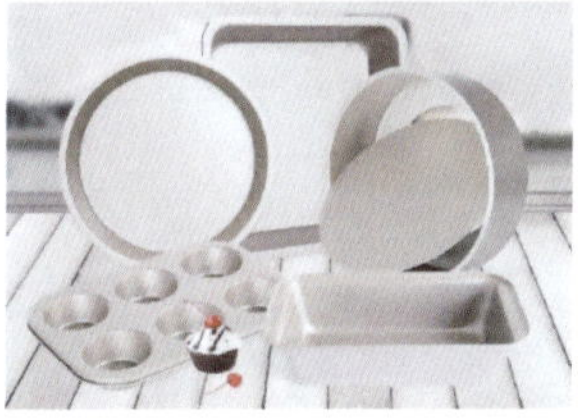	胎模又称盒模，是用金属（铜、不锈钢、铝合金、纸、锡纸等）压制而成的凹形模具，造型多样。成形时，将坯料放入胎模，熟制后定形而成，主要用于蛋糕类、膨松类、混酥类等制品的成形
花钳		花钳又称花夹子，用不锈钢或铜制成，一端为齿纹夹子，另一端为齿纹轮刀，主要用于各种花式面点的造型，如制作花边、花瓣等
喷笔	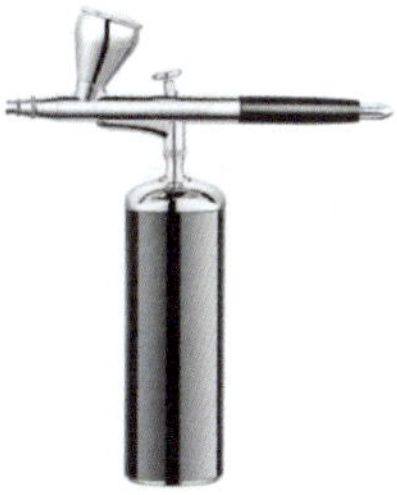	喷笔主要由气泵、气管、笔身构成，本为作画工具，现已推广应用于面点着色
刷子		刷子一般有羊毛刷、棕刷、尼龙刷等，主要用于在制品表面刷油、刷蛋液，也可用于在烤盘、蒸屉、模具上刷油

续表

名称	图示	说明
面点梳		面点梳用木质、铜、铝、牛角、无毒塑料等制成，形状如同梳头的梳子，主要用于制作花色面点时在制品生坯上压制花纹、花边
剪刀		剪刀为双刃工具，两刃交错，可以开合，型号多样，可根据面点制品的造型需要灵活选择，主要用于制作花色面点
镊子	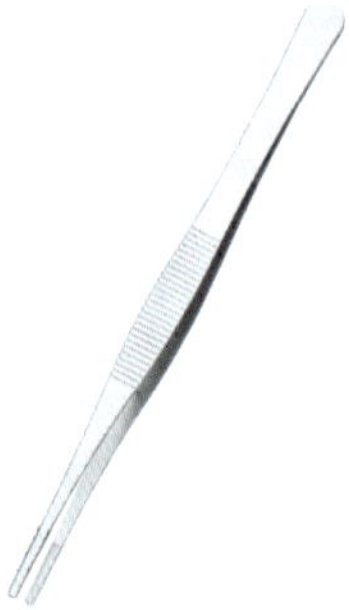	镊子包括铜、不锈钢、塑料等材质，形状和型号较多，可根据面点制品的造型需要灵活选择，主要用于花色面点成形

三、熟制工具

中式面点的成熟方法多样，每种成熟方法都需要有相应的辅助工具(具体见下表)，熟知并熟练运用熟制工具不仅能提高工作效率，而且能确保成熟质量。

名称	图示	说明
炒锅		炒锅有铸铁、钢两类材料，规格不一，主要用于面点制品的蒸、煮、炸制成熟，还可以用于馅心制作
平锅		平锅的锅底平坦，分有沿和无沿两种，主要用于煎、摊、烙等多种熟制方法，是面点制品熟制的常用锅具

续表

名称	图示	说明
汤锅		汤锅一般为不锈钢材质，圆柱形，锅体较深，主要用于煮汤、熬粥、熬糖浆等
蒸笼		蒸笼又称笼屉，一般是竹质或铝合金质，有圆形和矩形两种，圆形的笼屉下面有笼座，上面有笼盖，可重叠若干圆形蒸屉，矩形的笼屉如桌子抽屉，分若干格，主要用于面点制品的蒸制成熟
烤盘		烤盘一般为长方形，有立边，由薄钢板制成，是烘烤制品的重要工具，也可用于面点原料的焙烤熟制
漏勺		漏勺一般由不锈钢制成，木柄或金属柄，圆形、口大、浅底，勺底有若干小孔，主要用于煮制、炸制时于锅中取料，也可用于控油、控水
油丝		油丝又称网筛，是用细铜丝或不锈钢丝制成的圆形带柄筛子，有粗细之分，主要用于过滤汤汁或液体调味品、清洁炸油等
炸点筛		炸点筛一般由铝合金或不锈钢制成，丝网结构，是炸制点心的专用工具，既便于定形，又能控制油温

续表

名称	图示	说明
炒勺		炒勺为铁质圆形勺子，直径 9 ～ 12 厘米，木柄或铁柄，有的勺柄带测温计，主要用于在炸制、煮制面点制品时搅拌生坯，也可以用于炒制馅心，用后必须擦洗干净，以免生锈
锅铲		锅铲近似方形，有铸铁、不锈钢、铝等材质，顶部装有木柄，主要用于煎烙、烘烤制品的铲取、翻动以及炒馅、炸点、装盘等
筷子	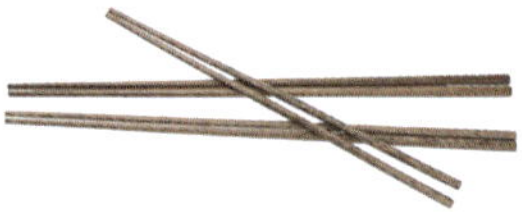	筷子为金属或竹质材料，长短按用途而定，主要用于在煮、炸制面点时夹取、翻动制品

四、辅助工具

辅助工具是指用于面点原料处理、面团调制、馅心制作、上馅等操作的工具，具体见下表。

名称	图示	说明
面筛		面筛又称粉筛、筛子，是筛滤面粉的工具，主要用于筛粉、擦制泥蓉，一般用马尾、尼龙、铜丝、钢丝制成网底，有粗细之分，能去除粉料中的杂质，使其蓬松、粗细均匀
刮板		刮板为塑料或不锈钢材质，无刃，有长方形、梯形、半圆形、三角形等形状，主要用于面团调制、分割、面点造型及台面清理

续表

名称	图示	说明
粉帚		粉帚前端蓬松，有把，用秫头或棕苗制成，大小按实际需要而定，主要用于清扫工作台上的面粉
蛋抽		蛋抽又称打蛋器、打蛋帚，由一组不锈钢丝弯成椭圆形，固定在一处，形成锤状，再连接一手柄组成，是一种人工打蛋器，主要用于搅打蛋液、面糊等
拌料盆		拌料盆一般为圆口、圆底，不锈钢材质，有多种型号，可配套使用，主要用于调拌原料
切刀		切刀由优质钢制成，呈长方形，刀口锋利，主要用于原料切配、下剂以及面点制品成形
调味缸	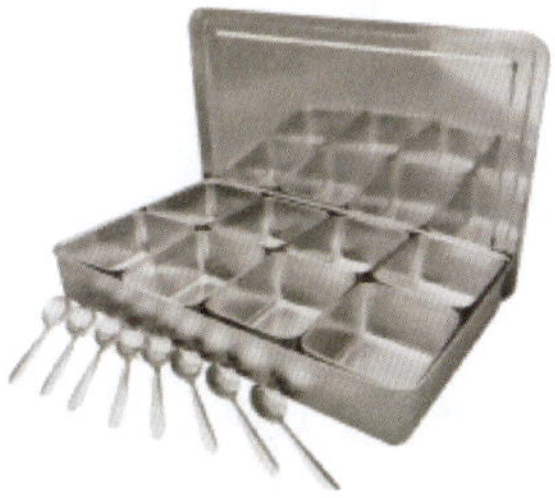	调味缸用陶、搪瓷或不锈钢材质制成，有方形和桶形两种，规格、大小多样，主要用于盛装调味料

续表

名称	图示	说明
油盆		油盆又称油鼓，由不锈钢材质制成，状似鼓形或喇叭形，主要用于装油或汤
馅挑		馅挑又称扁匙子、刮匙，为长条形竹片或不锈钢片，主要用于上馅
削皮刀		削皮刀一般由手柄和刀片组成，手柄分塑料质、木质和钢质等，是一种原料去皮工具
擦子		擦子是一种嵌镶斜孔金属片的长方形木质或竹质、塑料质工具，主要用于将蔬菜类原料加工成丝、片形状

本章小结

通过本章学习，能熟知面点制作常用设备与工具的安全操作规程、卫生清洁方法和维护保养知识，并能够在实际工作中熟练运用，达到提高工作效率和制品质量的目的，养成安全、卫生的职业习惯。

思考与练习

1. 简述实用新型设备与工具的品种与运用。
2. 如何运用设备与工具创新面点制作工艺？

第四章
基 础 操 作

学习目标

知识目标：

1. 能理解并正确表述各项基础操作的概念。

2. 能熟知各项基础操作的技法种类和具体应用。

3. 能归纳总结并熟练表述各项基础操作的工艺过程和技术要领。

技能目标：

1. 能在教师指导下按技术要求熟练完成各项基础操作。

2. 能熟练掌握各项基础操作的技术要领，发现并解决面点制作基础操作过程中出现的问题。

3. 能独立完成技能巩固品种制作各工艺环节。

面点基础操作是指在面点制作过程中所运用的最基本的制作技术及方法，包括和面、揉面、饧面、搓条、下剂、制皮、上馅等操作技术。面点基础操作技术性较强，是面点成形的前提，操作质量直接影响工作效率和制品的成品质量。

第一节　和面、揉面、饧面、搓条

本节主要介绍和面、揉面、饧面、搓条的基本操作技法和技术要领，为后面的技能学习打下坚实的基础。

一、和面

和面是指将粉料与水等辅料按比例掺和并调制成团的过程，它是面点制作的第一道工序，对制品的品质及操作工序的顺利进行起决定性作用。和面的方法主要有手工和面和机器和面两种。

1. 手工和面

（1）手工和面方法

手工和面的方法大体可分为抄拌法、调和法和搅和法三种。

1）抄拌法。将粉料放在案板上，中间开窝，加入水等辅料，用一只手或双手在面坑内反复抄拌，手不沾水，以粉推水，抄拌成雪花状，再加入少量水揉制成团。此方法适于大量冷水面团和发酵面团的调制。工艺过程图解如下：

1

2

3

2）调和法。将粉料放在案板上，中间开窝，加入水等辅料，一手五指张开，慢慢调和，使面粉与水等辅料结合，另一手拿刮板，将四周的面粉铲向中间，抄拌成麦穗状，或直接用双手调拌再加适量水调制成团。此方法适用较广，除烫面、糊浆面团之外，其他面团均可采用此方法调制。工艺过程图解如下：

1

2

3

3）搅和法。将粉料放入盛器中，一边加水等辅料，一边用工具（筷子、面杖、馅挑等）搅拌，或将粉料倒入盛有水或其他液体的盛器中，边加边搅，直至调制成团。

此方法一般用于沸水面团（全熟面）、糊浆面团的调制。工艺过程图解如下：

1

2

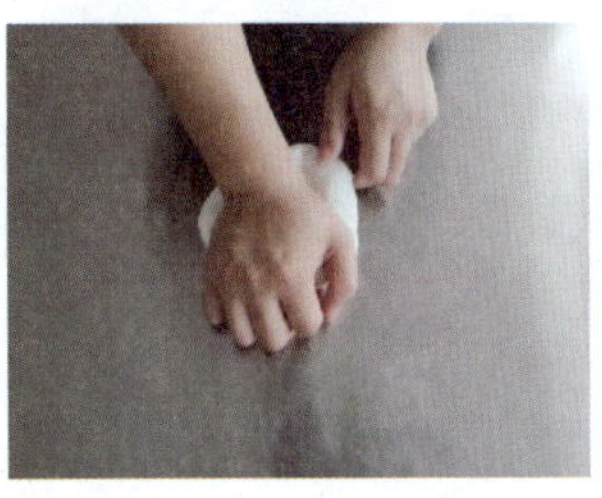
3

（2）手工和面技术要领

1）姿势正确，动作迅速。和面时两脚站成丁字步，适度运用臂力和腕力，动作连贯迅速，使粉料与液体原料混合均匀。

2）准确控制液体原料添加量。和面过程中所掺入的液体原料主要是水，除水之外还有液态油、糖浆、蛋、乳等，液体原料的量直接决定了面团的软硬程度，另外，液体原料的添加量还受面粉质量、环境温度等因素的影响。

3）掺水时宜分次掺入。和面时掺水一般分 2 ~ 3 次掺入，第一次掺入总量的 60% ~ 70%，第二次掺入 20% ~ 30%，最后加 10% 左右。

4）按制品要求有序掺入调辅料。和面时，除了往粉料中掺入水外，很多品种还需掺入油、糖、蛋、乳、添加剂、调味料等辅料，应根据制品要求有序投放，保证面团质量。

5）灵活选用和面方法。面团要求不同，和面方法也不同，和面时要根据面团特性和不同和面方法的特性，灵活选用和面方法。

2. 机器和面

随着科技的进步，使用机器和面在行业中已非常普遍，不但可以节省人力，而且可以更好地控制面团性质，确保产品质量稳定。

（1）筋性面团的调制

筋性面团主要包括冷水面团、水油面团、发酵面团等。操作时，首先将油脂、糖、3/4 的水放入面斗内，以 60 转 / 分钟搅拌 1 分钟，停机加入 4/5 的面粉，以 60 转 / 分钟搅拌 2 分钟，再以 30 转 / 分钟搅拌，边搅拌边加入余下的面粉和水，搅拌均匀即可，一般耗时 15 ~ 25 分钟。工艺过程图解如下：

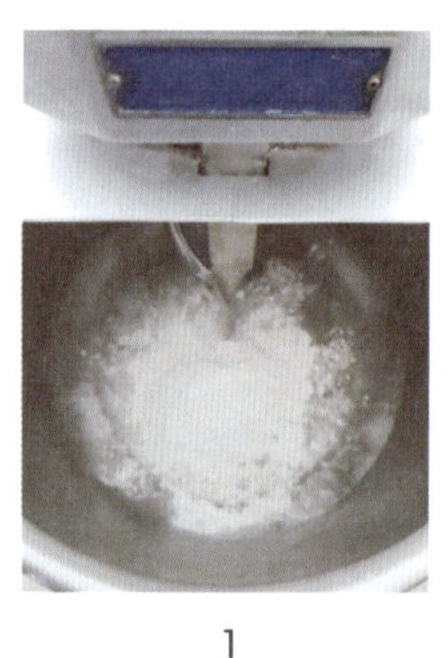
1

2

3

4

（2）酥性面团的调制

酥性面团包括桃酥面团、松酥面团、甘露酥面团等。操作时，首先将油脂、糖、蛋液、乳、水、膨松剂等放入面斗，以 60 转 / 分钟搅拌 2 ～ 3 分钟，至黏稠糊状，加入 1/5 的面粉搅拌 2 ～ 3 分钟，再加入 3/5 的面粉，以 30 转 / 分钟搅拌 3 ～ 4 分钟，最后加入其余面粉，搅拌时间不宜过长，否则容易上劲。工艺过程图解如下：

1

2

3

4

（3）影响机器和面的因素

1）转速。和面机转速有快慢之分，一般以 20 ～ 30 转 / 分钟为宜。转速过快，面团温度会因机械摩擦作用而上升，进而会破坏面团的物理性质；转速过慢，会影响面团筋性及和面效率。

2）温度。温度是影响面团质量的重要因素，要控制好原料的入机温度，使面团符合要求。调制面团的最佳温度为 18 ～ 22 ℃。

二、揉面

揉面是在面粉颗粒吸水发生粘连的基础上，通过反复揉搓，使各种粉料调和均匀，充分吸收水分，最终形成面坯的工艺过程。揉面是调制面坯的关键，通过揉面可以使面坯进一步增劲、柔润、光滑。常见的揉面手法有揉、擦、叠、捣、揣、摔等。

1. 揉面技法

（1）揉

揉分单手揉和双手揉两种。

1）单手揉。左手将面团一头按住，右手掌根将面团压住，用力向外推压，使面团摊平，再从外向内卷回来成团，翻上接口，再向外推压、摊开、卷起，反复多次，直到将面团揉匀、揉透。单手揉一般适用于体积小、筋性强且坚实的面团。

2）双手揉。用双手掌根压住面团，双手同时或交替用力向外推压，把面团摊开，再从外向内卷拢，翻上接口，再向外推压、摊开、卷拢，直到揉匀、揉透为止。双手揉一般适用于体积大且柔软的面团。

单手揉

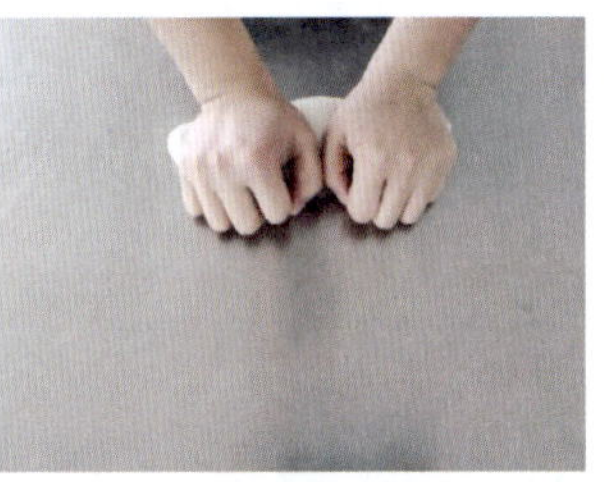
双手揉

（2）擦

用双手掌根压住面团，同时或交替斜向前用力将面团一层一层推擦，再卷拢成团，继续推擦，直至面团擦匀、擦透。通过擦可以增强物料间的彼此黏结，增强面团韧性，使面团松柔而不松散。擦一般适用于油酥面团、熟米粉团、烫面、澄粉面团的调制。

（3）叠

先将配料中的油脂、糖、蛋、乳、水等原料混合搅拌、充分乳化，然后掺入粉料拌和，用双手或单手与刮板配合操作，上下翻转，叠压成团，使物料层层渗透，黏结成团。叠一般适用于混酥面团、浆皮面团的调制。

（4）捣

双手握拳，在面团各处用力向下捣压，当面团被捣压挤向四周后，再叠拢好，继续捣压，反复多次，直至面团匀透、上劲。捣一般适用于筋力大的面团。

（5）揣

双手握拳，交叉在面团上揣压，将面团向两侧摊开，然后卷拢继续揣压，如此反复，直至面团匀透。揣一般适用于体积较大，筋性、软硬适中的面团。

（6）摔

用手抓住面团，提起并反复摔打至面团匀透。摔分两种方式：一是手不离面，双手握住面团两头，上下抖动，将面团在案板上摔打至匀透；二是脱手摔，单手抓住面团，脱手将面团摔在案板上，直至匀透。摔一般适用于筋性大、较软的面团。

擦　叠　捣
揣　摔

2. 技术要领

（1）揉制时，两脚自然分开，与肩同宽，站成丁字步，身体不靠案板；揉面时，手腕着力，力度适当，不用蛮力；掌握推、卷的节奏和幅度，翻好接口；注意推压、卷拢的方向性，不可随意改变；根据面团性质及制品要求灵活掌握揉面时间。

（2）擦面时，推擦有序，掌握节奏，掌根着力，以增加与案板的摩擦力。

（3）叠面时，用力轻重适当，控制面团调制的时间和速度，压匀、压实即可，不可反复调制，以免面团生筋。

（4）捣面时，双拳同时或交替用力，力度要大，且要在面团各处均匀捣制。

（5）揣制的面团一般较大，揣面时双拳用力均衡，要揣制均匀。

（6）摔面时，手臂使劲，注意面团转动方向。

三、饧面

面团调制好后放在案板上，盖上洁净湿布或塑料布静置一段时间的过程称为饧面。

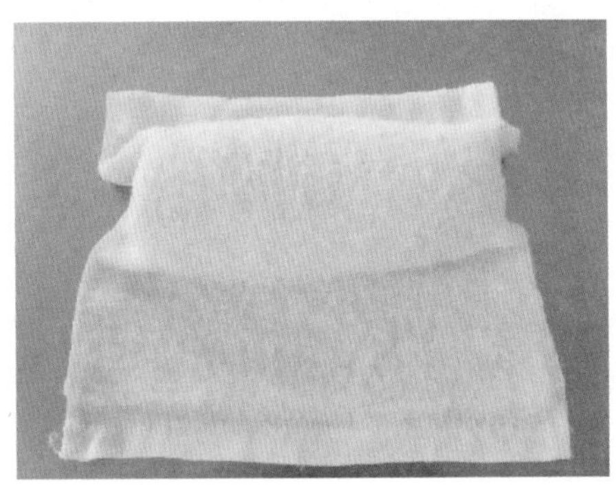

饧面

1. 饧面作用

（1）使面团中未吸足水分的颗粒有一个充分吸收水分的时间。

（2）使没有伸展的面筋得到进一步伸展。

（3）使面团松弛。经过反复揉搓的面团，面筋处于紧张状态，韧性强，静置一定时间，面筋得到松弛，延伸性增大，便于下一道工序的进行。

2. 技术要领

（1）饧面时，要根据面团的特性，确定面团是否需要饧制。一般而言，凡是有较好筋性的面团都要进行饧面，相反，对无筋性的面团及需要尽量减少面筋生成的面团，一般就不需要饧面。

（2）根据面团要求灵活控制饧面时间，这与粉料的面筋含量及筋性强弱、面团的含水量以及水温和环境温度等因素有关。

（3）饧面时，必须在面团表面加盖干净的湿布或保鲜膜，以免面团暴露在空气中风干结皮，影响成品质量。

四、搓条

搓条是下剂前的准备步骤，是将揉好的面团搓成粗细均匀、光滑条状的工艺过程。

1. 搓条技法

取一块揉好的面团，通过揉、搓、拉等方法使其先成为条状，然后放在案板上，用双手的掌根从中间向两边来回推搓，使其向两边慢慢延伸，直至粗细均匀、表面光滑。

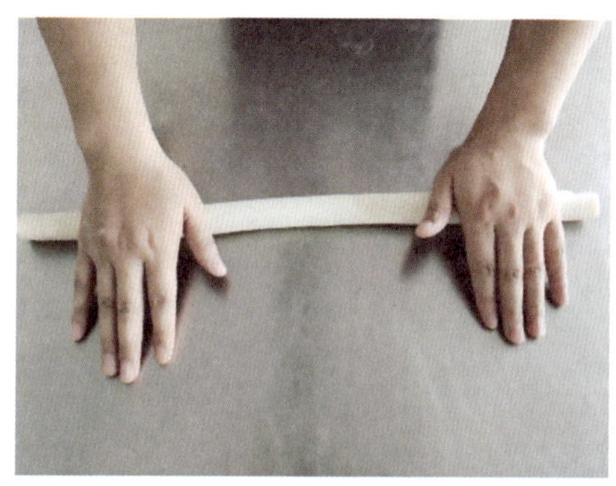

搓条

2. 技术要领

（1）搓条时要用手掌根部按实推搓，注意不能用掌心，否则压不实、搓不匀。

（2）搓条时要搓揉相结合，边搓边揉，使面团始终呈粘连、凝结状，并向两边延伸。

（3）在搓的时候两手用力均匀，防止一边粗一边细，如果搓条时出现粗细不均的现象，就要灵活调整力度，在粗的地方适当用力，在细的地方用力轻些或不用力。

（4）根据制品需要灵活掌握搓条粗细，如制作包子、馒头等可搓得粗一些，制作饺子、蒸饺等可搓得细一些，但不论粗细都要均匀一致、表面光滑。

第二节 下剂、制皮、上馅

本节主要介绍下剂、制皮、上馅的基本操作技法和技术要领，为后面的技能学习打下坚实的基础。

一、下剂

下剂是将搓条后的面坯，分成大小一致的坯子的工艺过程。下剂直接关系到点心成形后的规格大小，也是成本核算的标准。常用的下剂方法有揪剂、挖剂、拉剂、切剂、剁剂等。

1. 下剂技法

（1）揪剂

揪剂又称摘剂，是将搓好的剂条用左手握住，让剂条从虎口处露出相当于坯子大小的长度，然后用右手大拇指与食指轻轻捏住剂条，经与左手食指与右手拇指间的摩擦，用力顺势揪下。揪下一只剂子后，左手将面剂旋转 90°，再揪，直至揪完为止。这种方法适用于制作水饺、蒸饺等较小的制品（一个剂子一般在 50 克以下）。

（2）挖剂

挖剂又称铲剂，多用于较粗的剂条。操作方法是搓条后将剂条放在案板上，左手虎口按住剂条，右手四指弯曲成铲形，手心朝上从剂条下面伸入，左手向下、右手四指向上挖下剂子。然后左手向左移动，右手再挖，直至挖完。挖好的剂子呈长圆形。这种方法适用于制作馒头、烧饼等较大的制品（一个剂子一般在 50 克以上）。

（3）拉剂

拉剂多用于较为稀软的面坯。由于面坯较软，不宜将剂条拿在手中下剂，因而采用此法。操作方法是右手五指抓住剂子，左手抵住面团，右手用力拉下即可。

（4）切剂

切剂就是将剂条放在案板上，用刀切成大小一致的剂子。

（5）剁剂

剁剂就是将搓好的剂条放在案板上，根据品种要求的大小，用刀均匀地将剂子剁下，既可做剂子，也可做生坯。这种方法一般用于制作方馒头、油条等。

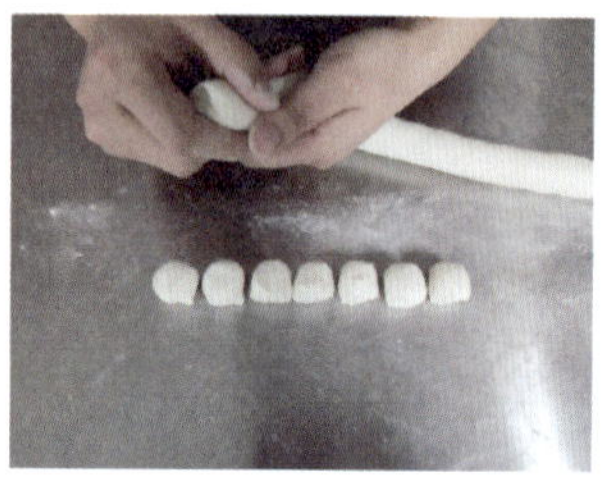
揪剂

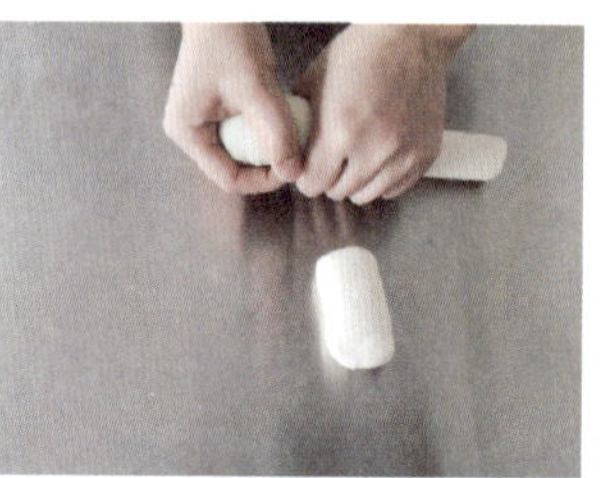
挖剂

拉剂

切剂

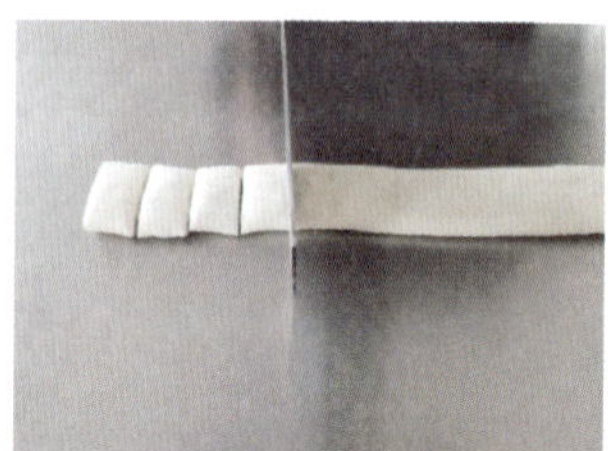
剁剂

2. 技术要领

（1）揪剂时，两手用力配合要协调，左手握剂条时不可用力过大，防止剂条变形，右手揪剂时主要是靠左手食指与右手拇指间的摩擦力把剂子揪下。

（2）挖剂时，右手挖剂用力要猛，要使截面整齐利落。

（3）拉剂时，如果剂子很小的话，可以用三个指头把剂子拉下。

（4）切剂时，要下刀准确，刀刃锋利，确保切剂后剂子截面呈圆形。

（5）剁剂时，为防止粘连，剁下的剂子可一前一后错开。

下剂时，无论采取哪种操作方法，均要求大小均匀、重量一致、剂口利落、不带毛茬，下好的剂子要稍洒干面粉，防止粘连。

二、制皮

制皮是将面剂按照包馅的工艺要求加工成适宜形状的工艺过程。很多面点品种的制作都需要有制皮工艺。制皮工艺技术性较强，操作方法也较为复杂，面皮质量的好坏直接影响包、捏工序的进行和点心的最后成形。由于各类品种对皮的要求不同，制皮方法也有所不同，但是无论用哪一种方法制皮，都要求皮的软硬适度、形状统一、大小一致、薄厚符合制品要求。制皮最常用的方法有擀皮、按皮、捏皮、摊皮、压皮、敲皮等。

1. 擀皮

擀皮是一种技术性强、要求较高、应用较广泛的制皮方法。常用的擀皮工具有单手杖、双手杖、通心槌等，用于水饺皮、蒸饺皮、烧麦皮、馄饨皮、油皮酥等的制作。擀皮的总体要领是双手配合协调一致，用力大小均匀。

（1）擀皮技法

1）饺子皮擀法。此种擀法要求擀成中间稍厚、四周略薄的圆皮，适用于包饺子、蒸饺、汤包等。擀制方法分为单手擀和双手擀。

①单手擀。单手擀用的是普通的小擀面杖，粗细均匀，表面光滑。在擀制时先把剂子按扁，左手的大拇指、食指、中指捏住前方皮的边缘放在案板上，右手持擀面杖，压住后方皮的 1/3 处推压擀面杖，每推压一次左手就稍把皮向左旋转一点，边擀边转，擀成中间稍厚、四周略薄即可。

单手擀

②双手擀。双手擀第一种擀法是用双手杖，即中间粗、两头细，表面光滑的擀面杖。在擀制时，要先把剂子按扁，双手按住擀面杖的两端，先向右前方擀，再向左后

方擀，让剂子自然旋转，擀成中间厚、四周薄即可。双手擀第二种擀法是用普通的小擀面杖。在擀制时，将剂子按成扁圆形，进行平面擀制，使剂子逐渐展开，擀成符合标准的面皮，这种擀法擀制出的面皮一般薄厚均匀。

1

2

双手擀

2）烧麦皮擀法。烧麦皮要求擀成中间略厚、四周呈荷叶边状的圆皮。擀制方法一般分为用通心槌擀和用橄榄杖擀两种。

①用通心槌擀。擀制时先将剂子按成扁圆状，平放在案板上，撒上干面粉，然后压上通心槌，双手边擀边转，擀成中间厚、四周皱起花边即可。工艺过程图解如下：

1

2

3

用通心槌擀

②用橄榄杖擀。擀制方法同饺子皮，但需注意的是面杖的着力点应放在边上，边转边擀，使其四周起褶皱。若褶皱不明显，也可以在擀好的面皮中间撒上干面粉，将几张摞在一起，用橄榄杖的一端边敲边转，制成荷叶边。工艺过程图解如下：

1

2

用橄榄杖擀

3）大擀面杖擀法。大擀面杖擀法是将和好的大块面团直接放在案板上擀制，一般用于馄饨皮、面条、花卷的制作。

在擀制时，先把面团的四角擀出来，尽量擀成方形，然后撒上干面粉，把面皮卷在大擀面杖上，用手掌根部从中间向两边边擀边压，打开后在面皮上撒上干面粉，防止粘连。如此反复多次，擀到薄厚均匀、符合制品要求即可。工艺过程图解如下：

1

2

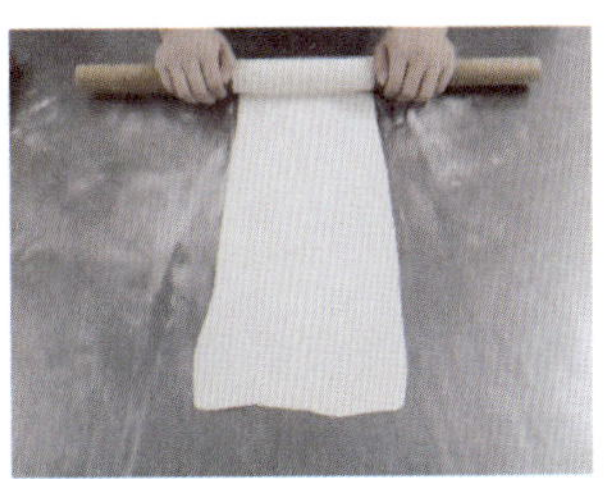
3

大擀面杖擀法

（2）技术要领

1）在擀皮时要用力均匀、恰当，皮的大小、薄厚应根据制品要求而定。

2）擀好的皮不要堆叠到一起，避免粘连。

3）制皮后要立即使用，不宜放置时间过长，否则会干裂，影响成形。

4）擀皮时要保持擀面杖和案板的卫生光洁，如有粘连，可以撒适量干面粉。

2. 按皮

按皮是一种较为简单的制皮方法，操作方法是将下好的剂子截面向上，用手掌根部将其按扁，按成中间稍厚、四周稍薄的圆皮。若需制作直径较大的皮，可先用手指将剂子按扁，然后用掌根沿剂子周围用力按，边按边向一个方向转动，把剂子按大、按薄。按皮适用于剂量大、皮略厚的品种，如包子等。

技术要领：按皮时需用掌根按，不可用掌心或手指按，否则按不平也按不圆，不易成形。

3. 捏皮

捏皮适用于无筋力的面坯制皮，如米粉面坯、薯蓉面坯的制皮。操作方法是将剂子反复用手揉匀、搓圆，再用双手手指捏成碗状，俗称捏窝。

技术要领：捏皮时要边捏边转，凹度适中，厚薄均匀。

按皮

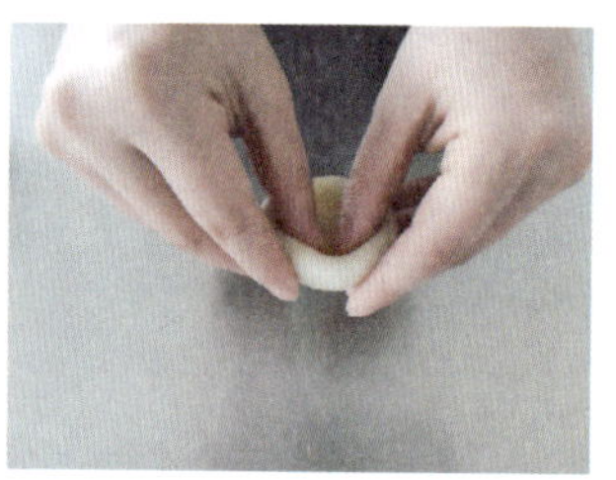
捏皮

4. 摊皮

摊皮是一种较为特殊的制皮方法，主要用于制作春卷皮和煎饼。

（1）春卷皮

制作春卷皮的面团质地稀软且有筋力。操作方法是将锅置于中小火上，锅内抹少许油，右手拿起面坯，不停抖动（因面坯很软，放在手上不动就会流下），顺势向锅内一抹，使面坯在锅内粘上一层，即成圆形面皮，待面皮边缘略有翘起，即可揭下成熟的面皮。工艺过程图解如下：

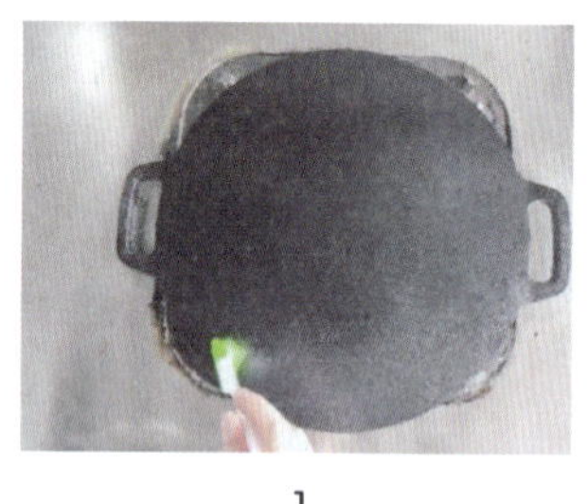
1

2

3

摊春卷皮

（2）煎饼

制作煎饼的面团是无筋性的稀面糊。操作方法是将平底锅置于中小火上，锅内抹少许油，用勺子舀一勺面糊倒在平底锅上，可以用推板将面糊推匀，也可以转动平底锅使面糊均匀平铺在锅内。当面糊底部受热凝固后才可翻转，否则不易成形。摊皮的要求是面皮形圆、厚薄均匀、无砂眼、大小一致。工艺过程图解如下：

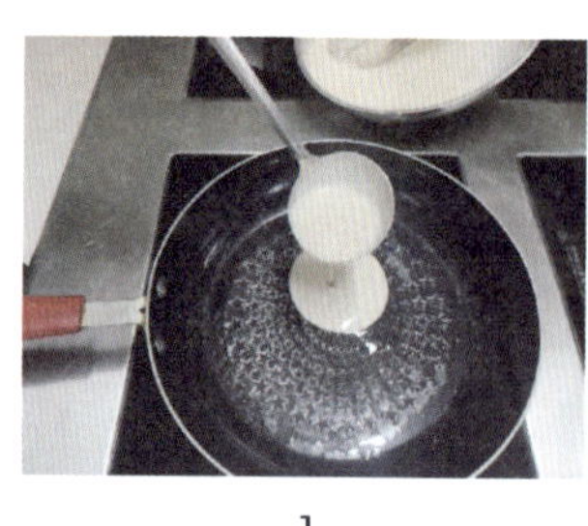
1

2

3

摊煎饼

技术要领：摊皮时要掌握好火候的大小，动作要连贯，所用锅要洁净，抹油要适量。

5. 压皮

压皮也称拍皮，主要用于澄面点心。操作方法是将剂子用手均匀地揉成圆球状，置于案板上（要求案板光滑、平整、无裂缝），案板上抹少许油，右手持刀，将刀放在剂子上，左手按住刀面，向前旋压，将剂子压成圆皮。另外，也可将下好的剂子置于手中，用手拍压成圆皮，适用于制作烫面炸糕、糯米点心等。工艺过程图解如下：

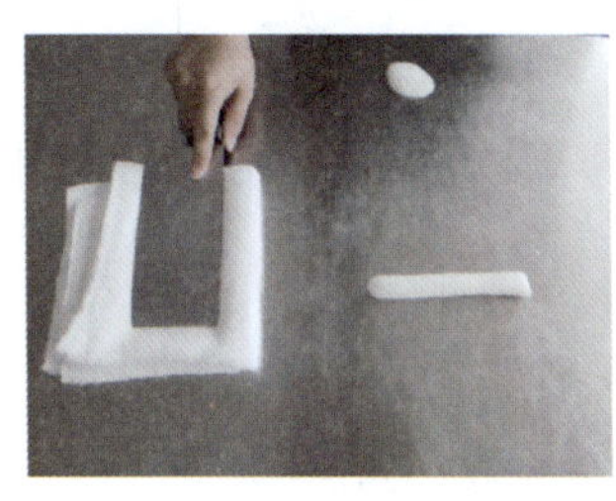
1

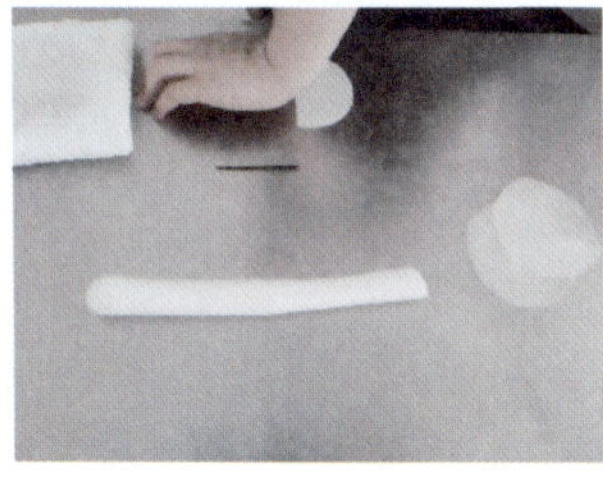
2

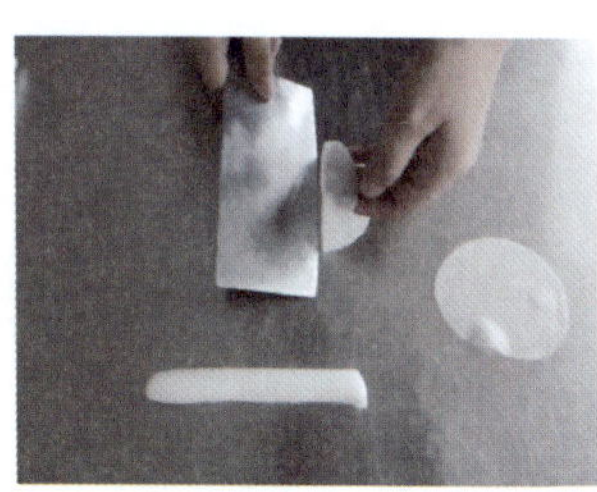
3

压皮

技术要领：压皮时，用力幅度不宜过大。

6. 敲皮

敲皮是一种比较特殊的制皮方法，主要应用于无骨的动物性肉类原料，如鱼皮馄饨、肉燕的制作。操作方法是将原料置于案板上，铺干面粉，用木棍轻轻敲击，使剂子慢慢延展，形成坯皮。

敲皮

技术要领：敲皮时要求用力均匀、轻重得当，边敲边铺干面粉，使坯皮平整、薄厚均匀。

三、上馅

上馅也叫包馅、塌馅、打馅等，即在坯皮中间包入馅心的工艺过程，它是制作有馅品种的一道重要工序。上馅的好坏，直接影响成品的包捏和成形。常用的上馅方法有包馅法、拢馅法、夹馅法、卷馅法、酿馅法等。

1. 上馅技法

（1）包馅法

包馅法是最常用的一种方法，应用于包子、饺子、盒子、汤圆等绝大多数有馅点心品种。根据品种特点，包馅法又可分为无缝、捏边、提褶、卷边等，上馅的多少、部位、手法随所用方法不同而变化。

1）无缝类。一般是将馅放在面皮中间，包成圆形或椭圆形，此法常用于制作豆沙包、水晶馒头、麻蓉包等。

2）捏边类。一般用于馅心较大的制品，上馅要稍偏一些，这样将皮折叠上去，才能使面皮边缘合拢捏紧，馅心正好在中间。此法常用于制作水饺、蒸饺等。

3）提褶类。一般用于馅心较大的制品，因提褶面皮呈圆形，所以馅心要放在面皮正中心。此法常用于制作小笼包、肉包等。

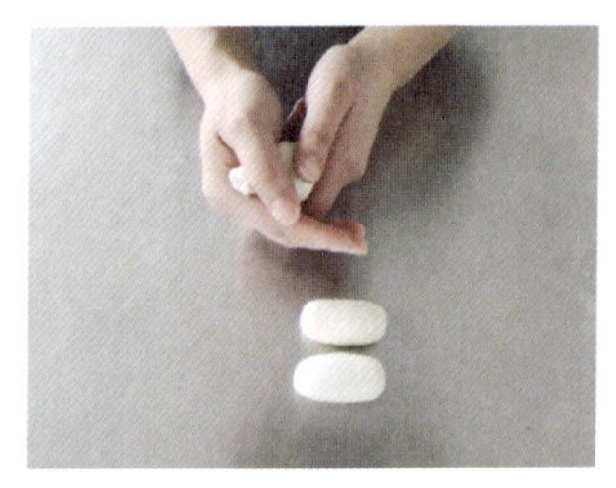
无缝类

捏边类

提褶类

4）卷边类。一般使用两张面皮，中间上馅，上下覆盖，将周边捏成麻绳花边状。此法常用于制作酥盒子、鸳鸯酥等。工艺过程图解如下：

1

2

卷边类

（2）拢馅法

拢馅法是将馅心放在面皮中间，然后将皮轻轻拢起，不封口，露一部分馅，如烧麦等。工艺过程图解如下：

1　　2

拢馅法

(3) 夹馅法

夹馅法是将一层坯料加上一层馅料，根据制品要求，可反复数层，注意上馅要均匀且平整。若是稀糊面的制品，则要蒸熟一层后上馅，再铺另一层，如三色蛋糕等。工艺过程图解如下：

1　　2　　3

夹馅法

(4) 卷馅法

卷馅法是先将面剂擀成片状，或在制好的片状熟坯上抹上馅料（一般是细碎丁馅或软馅），再卷成筒状，做成制品，成熟后切块，露出馅心，如如意卷等。工艺过程图解如下：

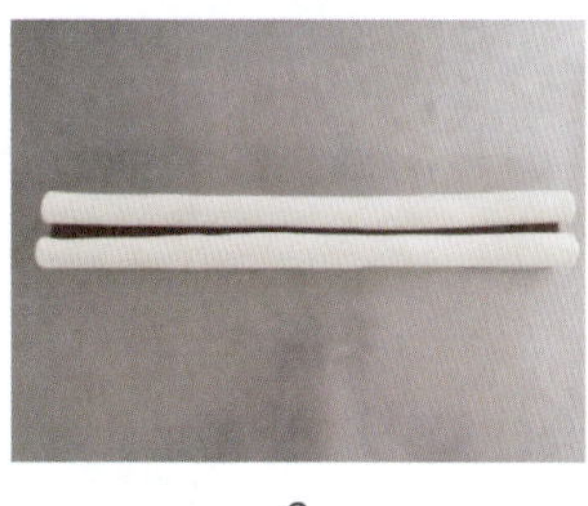

1　　2　　3

卷馅法

(5) 酿馅法

酿馅法主要用于花式蒸饺的制作，如四喜饺、鸳鸯饺等，操作方法是在包好馅后预留的孔洞内酿入不同颜色的馅料，起到装饰的作用。

酿馅法

2. 技术要领

（1）无论采用什么方法上馅，馅心必须软硬适当、大小适中，这样才容易成形。

（2）需按照制品的要求进行上馅，轻馅品种馅心少，重馅品种馅心多，应避免偏馅、露馅等现象。

（3）采用包馅法上馅时，面皮边缘不宜沾上馅心，防止封口不严。

（4）采用卷馅法和夹馅法时，需将馅心均匀分布在面皮上，否则会影响制品质量。

本章小结

本章主要学习面点各项基础操作的概念、技法种类及应用。通过本章学习，能够在掌握相关理论知识和实训技能的基础上，具备运用理论知识解决实际问题的能力，同时养成安全、卫生的职业习惯。

思考与练习

1. 如何在学习过程中养成良好的职业习惯？

2. 随着烹饪技术的不断发展，越来越多的先进设备与工具被广泛应用到面点制作中，请结合此实际情况，尝试说明学习面点制作基础操作的必要性。

第五章

面 团 调 制

学习目标

知识目标：

1. 能理解并正确表述面团的概念。
2. 能熟知面团的分类标准、类别、特点及应用。
3. 能归纳总结并熟练表述各类面团的原料配比、工艺流程、调制方法、技术要领。

技能目标：

1. 能在教师指导下按技术要求熟练调制各类面团。
2. 能灵活运用各类面团的调制要领，发现并解决面团调制过程中出现的问题。
3. 能独立完成技能巩固品种制作的各工艺环节。

面团调制是面点制作的第一道工序，是面点制作的基础条件，对面点制品的色、香、味、形有着直接的影响。

面团是指用各种粮食粉料（面粉、米粉、杂粮粉等）掺入适当的水、油、蛋、奶、糖浆等液态原料及配料，经调制使粉料相互黏结而形成的用来制作半成品或成品的均匀混合的团、浆的总称。

按照面团的主要原料，可将面团分为麦粉类面团、米及米粉类面团、其他类面团；按照调制面团的辅料和面团形成的特性，可将面团分为水调面团、膨松面团、油酥面团、浆皮面团等。面团分类如下表所示：

<table>
<tr><td rowspan="14">面团</td><td rowspan="14">麦粉类面团</td><td rowspan="4">水调面团</td><td colspan="2">冷水面团</td></tr>
<tr><td colspan="2">温水面团</td></tr>
<tr><td colspan="2">热水面团</td></tr>
<tr><td colspan="2">沸水面团</td></tr>
<tr><td rowspan="5">膨松面团</td><td rowspan="2">生物膨松面团</td><td>酵种发酵面团</td></tr>
<tr><td>酵母发酵面团</td></tr>
<tr><td rowspan="2">物理膨松面团</td><td>蛋泡面团</td></tr>
<tr><td>蛋油面团</td></tr>
<tr><td colspan="2">化学膨松面团</td></tr>
<tr><td rowspan="4">油酥面团</td><td rowspan="3">层酥面团</td><td>水油面层酥面团</td></tr>
<tr><td>水面层酥面团</td></tr>
<tr><td>酵面层酥面团</td></tr>
<tr><td colspan="2">混酥面团</td></tr>
<tr><td colspan="3">浆皮面团</td></tr>
</table>

续表

<table>
<tr><td rowspan="11">面团</td><td rowspan="4">米及米粉面团</td><td colspan="2">米类面团</td></tr>
<tr><td rowspan="3">米粉面团</td><td>糕类粉团</td></tr>
<tr><td>团类粉团</td></tr>
<tr><td>发酵粉团</td></tr>
<tr><td rowspan="7">其他类面团</td><td rowspan="2">杂粮面团</td><td>谷类杂粮面团</td></tr>
<tr><td>豆类杂粮面团</td></tr>
<tr><td colspan="2">薯类面团</td></tr>
<tr><td colspan="2">澄粉面团</td></tr>
<tr><td colspan="2">蔬菜类面团</td></tr>
<tr><td colspan="2">果品类面团</td></tr>
<tr><td colspan="2">鱼虾茸面团</td></tr>
</table>

第一节　水调面团调制

水调面团又称死面、呆面、子面，是指直接用面粉和水调制而成的面团。有时因制品对面团性质的要求，需要添加适量盐、碱等辅料。根据调制面团时水温的不同，水调面团分为冷水面团、温水面团、热水面团和沸水面团。

一、冷水面团调制

冷水面团是指用 30 ℃以下的冷水与面粉调制而成的面团，具有颜色白，筋力强，富有弹性、韧性和延展性的特点，适宜制作水饺、面条、馄饨等面点，成品具有筋道爽滑的特点。

根据调制面团时加水量的不同，冷水面团可分为硬面团、软面团和稀软面团三类。

1. 原料配比

单位：克

面团	面粉	水
硬面团	500	＜ 225
软面团	500	225 ～ 300
稀软面团	500	＞ 300

2. 工艺流程

下粉→掺水→和面→揉面→饧面。

3. 调制方法

面粉过筛置案板上，中间开窝，分 2 ～ 3 次掺水，第一次掺水量占总水量的 70% ～ 80%，采用抄拌法将面粉和水调成均匀的麦穗状；第二次掺水量占总水量的 20% ～ 30%，将面调制成团；第三次将剩余的少量水洒在面团上，反复揉搓至表面光洁，盖上干净的湿布饧面。

4. 技术要领

（1）准确掌握掺水量。根据制品对面团软硬的要求、面粉的质量，以及环境的温度和湿度等因素合理调整加水量。

（2）控制水温。水温要控制在 30 ℃以下，保证冷水面团的特性。

（3）分次掺水。分次掺水有利于面粉与水充分融合，可以较好地把控面团的软硬度。

（4）揉面。根据制品对面团特性的要求，可采用揉、捣、揣、摔等方法揉制面团，而且要有规则、有次序、有方向地揉制，使面筋网络规则有序。

（5）饧面。使处于紧张状态的面筋得到充分松弛，以利于下一道工序的操作。

技能巩固

酸汤面叶

成品特点 爽滑筋道，酸香味美。

皮坯原料 高筋面粉 300 克，盐 1 克，水 140 克。

其他原料 香菜 10 克，香油 5 克，胡椒粉 2 克，盐 3 克，鸡粉 1 克，醋 10 克。

制作步骤

1. 按照原料配比准备好所需原料。

2. 将面粉过筛备用。

3. 面粉开窝，先加 100 克水和 1 克盐，将面粉抄拌成麦穗状。

4. 再分次加少量的水，揉成面团。

5. 将揉好的面团封上保鲜膜饧制10分钟。

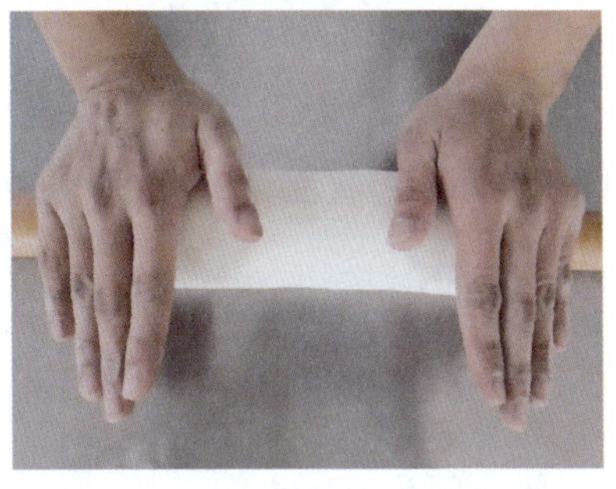

6. 将饧好的面团擀成长方形，撒上干面粉，卷在擀面杖上擀薄。

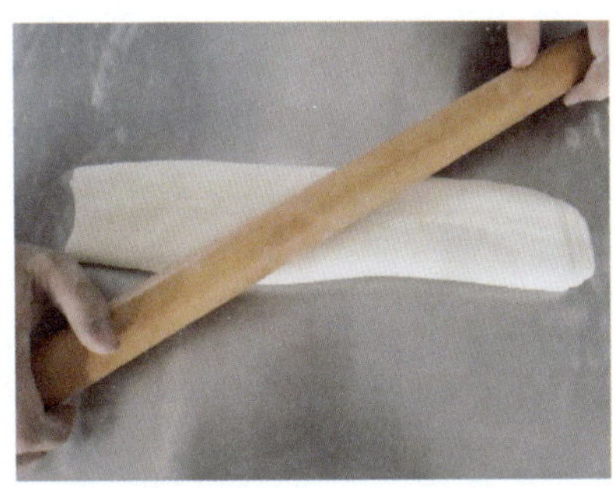

7. 将擀面杖抽出，按对角线方向压薄。

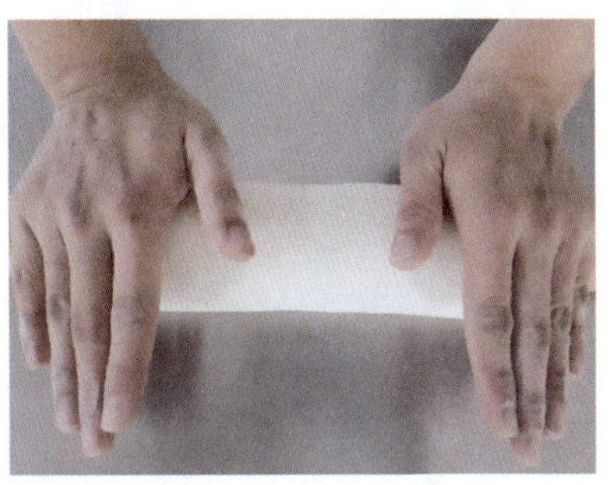

8. 再次展开面片，并撒上干面粉擀匀。

9. 将擀好的面片切成长条，再切成对边分别为2厘米和3厘米的平行四边形。

10. 水烧开，下入面叶，煮熟后盛出，碗内加盐、鸡粉、胡椒粉、醋、香油、香菜调味。

技术要领

1. 和面时注意加水量，面团不宜过软。
2. 面团要充分饧制，便于面筋网络形成。
3. 擀制时用力均匀，面皮薄厚一致。
4. 擀制和切面叶时都要撒上干面粉，避免粘连。
5. 煮制时水量要大，保持水“沸而不腾”。

二、温水面团调制

温水面团是指用 60 ℃左右的温水和面粉调制而成的面团，颜色较白，有一定筋力，具有较好的可塑性，适宜制作花色饺子、饼类等品种。

1. 原料配比

面粉 500 克，温水 200 ~ 300 克。

2. 工艺流程

下粉→掺水→和面→揉面→散热→揉面→饧面。

3. 调制方法

方法一：面粉过筛置案板上（盆中），开窝，将温水倒入面窝，迅速与面粉拌和，抄拌成麦穗状，揉匀成团，摊开或切成小块晾凉，再次揉搓成团，然后盖上湿布饧制备用。

方法二：面粉过筛置案板上（盆中），开窝，掺入占总水量 2/3 的沸水，边掺水边搅拌，直至面粉成均匀的颗粒状，再掺入占总水量 1/3 的冷水，搅拌均匀，揉搓成团，盖上湿布饧制备用。

4. 技术要领

（1）水温准确。直接用温水和面时，水温以 60 ℃左右为宜。水温过高，面坯黏而无筋力；水温过低，面坯劲大而不柔软，无糯性。

（2）根据品种要求准确控制加水量。

（3）为保证面团性质，调制动作要迅速。

（4）调制好的面团要摊开散热，以免面团中的热量使面团变软、变稀，甚至粘手。

（5）备用面团要用洁净的湿布盖上，以免风干结壳。

技能巩固

兰花饺

- **成品特点** 制作精巧，造型美观。
- **皮坯原料** 面粉 300 克，温水 150 克。

● **馅心原料** 猪肉馅300克，大葱20克，生姜10克，食盐5克，生抽10克，老抽5克，料酒10克，花椒粉5克，胡椒粉1克。

● **制作步骤**

1. 按照原料配比准备好所需原料。面粉选择特一粉，大葱切成葱花，生姜切成姜末。

2. 猪肉馅放入盆中，将150克清水分多次加入肉馅，每次顺着一个方向高速搅打，直至肉馅成“起胶”状态。

3. 将打好的肉馅加入所有调料搅拌，再将葱花、姜末加入肉馅，搅拌均匀，制成馅心。

4. 面粉开窝，加入60 ℃左右的温水。

5. 再分两次加入剩余温水，将其用刮板搅拌均匀。

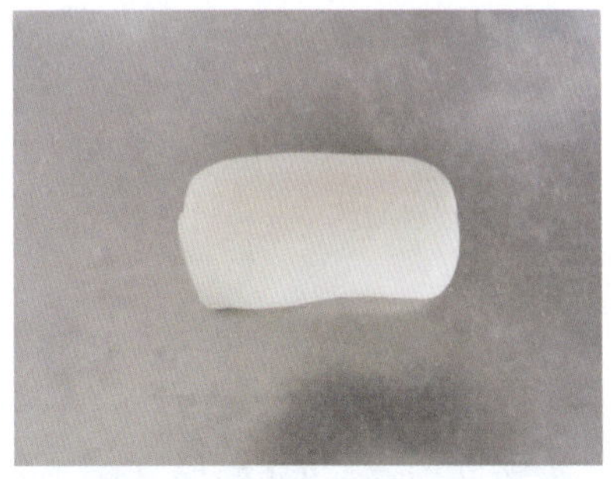

6. 揉制成光滑均匀的面团，盖上湿布饧制20分钟。

7. 将饧好的面搓成直径 2.5 厘米、粗细均匀的长条。

8. 将长条下成 15 克左右一个的剂子。

9. 将剂子擀制成直径为 8 厘米的圆皮。

10. 取 10 克左右的馅心包入圆皮中。

11. 将皮包住馅心，边缘处分成五等份。

12. 将五等份面皮分别捏紧、捏牢。

13. 再用剪刀在每个捏扁的边上剪长短一致的两刀。

14. 将相邻两个边的上面和下面分别捏在一起。

15. 再将每个边缘底部用捻捏的手法捏出花边，即成兰花饺生坯。

16. 将兰花饺生坯放入蒸箱中蒸制成熟（约 10 分钟）即可。

技术要领

1. 面团软硬适中，使用 60 ℃左右的温水和面。
2. 面团要揉光、揉匀。
3. 剂子光滑平整、大小一致。
4. 成形时边缘每份要分均匀。
5. 相邻两边要捏紧。

三、热水面团调制

热水面团是指用 80 ℃以上的热水和面粉调制而成的面团，具有色泽较暗、韧性较差、可塑性良好的特点，适宜制作蒸、炸、煎、烙等制品，如锅贴、春饼等。

1. 原料配比

面粉 500 克，热水 225 ~ 300 克。

2. 工艺流程

下粉→掺水→和面→揉面→散热→揉面→饧面。

3. 调制方法

面粉过筛置案板上（或盆中），开窝，把热水均匀浇在面粉上，边浇边用工具（擀面杖、筷子、馅挑等）搅拌均匀，揉搓成团，摊开散热，使面团内热气散去，再揉搓成团，盖上湿布饧制备用。

4. 技术要领

（1）根据制品对面团性质的要求以及室温等环境因素的影响，灵活掌握水温。

（2）根据制品要求准确控制加水量，且要一次加完。

（3）为保证面团性质，调制动作要迅速。

（4）调制好的面团要摊开散热，以免面团中的热量聚集使面团变软、变稀，甚至粘手。

（5）面团揉好后要用洁净的湿布盖上，以免风干结壳。

技能巩固

锅贴饺子

成品特点 造型美观，鲜美可口。

皮坯原料 面粉 500 克，热水 280 克。

馅心原料 猪肉馅 300 克，韭菜 200 克，冬笋 150 克，生抽 15 克，老抽 10 克，香油 10 克，食盐 15 克，味精 3 克，胡椒粉 1 克。

制作步骤

1. 根据原料配比准备好皮坯原料和馅心原料。

2. 将韭菜切碎后用香油拌匀，冬笋切成细粒。

3. 猪肉馅加 100 克清水搅拌上劲，放入韭菜碎和冬笋粒，加入食盐、味精、生抽、老抽、胡椒粉、香油搅拌均匀。

4. 将面粉放入盆中，清水烧热加入面粉中搅拌。

5. 将面粉调制成麦穗状，确保无干面粉。

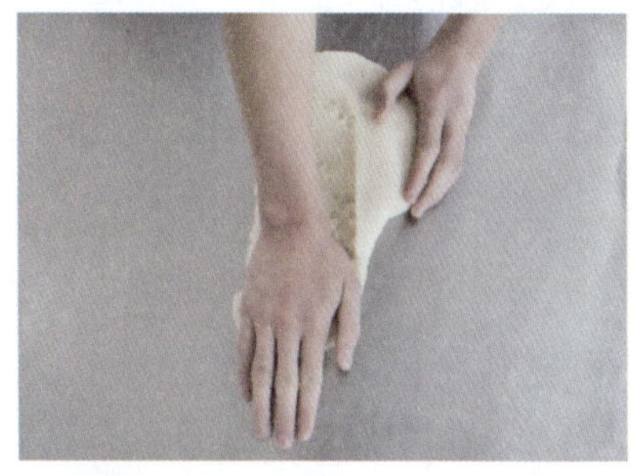

6. 将面取出揉擦均匀，散尽面团中的热气备用。

7. 将面团搓成粗细均匀的条，下成 15 克一个的面剂。

8. 再将面剂擀成直径 10 厘米的圆皮。

9. 将皮包入馅心，用推捏的手法包制成月牙形饺子。

10. 将包好的月牙形饺子放入蒸箱中蒸制 15 分钟。

11. 将蒸制好的饺子摆在平底锅中煎至底部金黄即可出锅。

12. 将锅贴饺子装盘点缀即可上桌。

技术要领

1. 注意面粉与水的比例，面团软硬适中。
2. 面团揉匀后要散尽面团中的热气。
3. 韭菜切碎后要用香油拌匀，防止出水。
4. 下的剂子要大小均匀。

四、沸水面团调制

沸水面团又称烫面、开水面、全熟面，是指用沸水在锅中加面粉调制而成的面团。沸水面团的面粉蛋白质完全变性，淀粉大量糊化，面团具有黏糯、柔软、无筋力、可塑性强、色泽暗、微带甜味的特点，适宜制作炸糕、烫面饺等。

1. 原料配比

面粉 500 克，沸水 350 ~ 750 克。

2. 工艺流程

锅中倒入冷水→水烧沸→烫面→散热→揉面→饧面。

3. 调制方法

面粉过筛备用，锅置火上，加入冷水，大火烧沸，将火力调成小火，徐徐倒入面粉，边倒面粉边用筷子搅拌，直至面粉全部烫熟，收干水汽，将面团从锅中取出放到案板上，切成（或擦制成）小块，晾凉，揉搓成团，盖上湿布饧制备用。

4. 技术要领

（1）锅要洗净，且无油污。

（2）烫面时火力要小，以免烫煳。

（3）根据制品要求准确控制加水量，且要一次加足、加完。

（4）烫好的面团要散尽热气。

（5）面团要揉匀、揉透，无生粉颗粒。

（6）备用面团要用洁净的湿布盖上，以免风干结壳。

技能巩固

春饼

成品特点 薄而柔软，营养健康。

皮坯原料 面粉 200 克，沸水 160 克。

馅心原料 土豆 1 个，红柿子椒 1 个，盐 3 克，味精 3 克，白胡椒粉 3 克，白糖 1 克，生抽 6 克，色拉油 10 克。

制作步骤

1. 按照原料配比准备好所需原料。

2. 土豆、红柿子椒切成丝备用。

3. 冷水烧开，徐徐倒入面粉搅匀、烫熟。

4. 边倒面粉边用筷子搅拌，直至面粉全部烫熟，收干水汽。

5. 将和好的面团摊开晾凉，再揉成面团饧制。

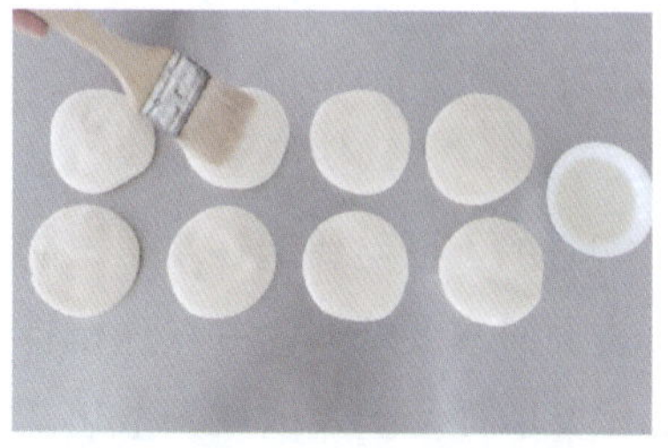

6. 将饧好的面团搓条下剂，刷油，把两个剂子按在一起。

7. 将剂子擀成直径20厘米的圆皮。

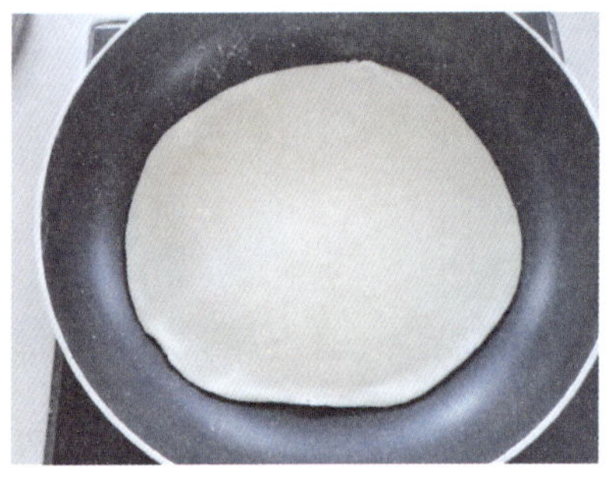

8. 平底锅洗净，烧热，放入擀好的面皮。

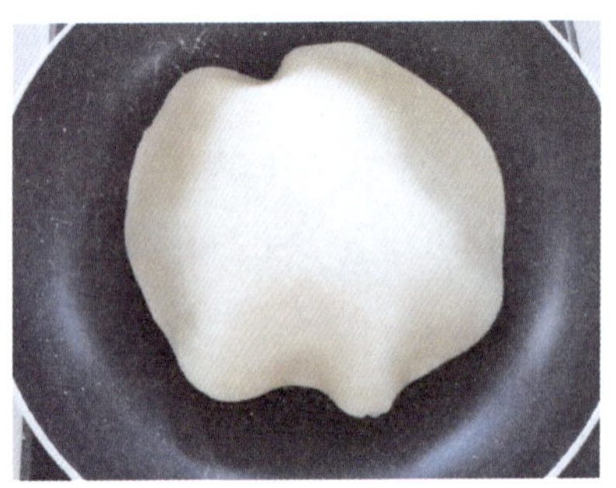

9. 烙至面皮中间鼓起、成熟即可。

10. 将面皮取出，从中间撕开，分成两张。

11. 锅中放油，将切好的土豆丝、红柿子椒丝放入各种调味料后炒熟。

12. 卷入春饼即可。

技术要领

1. 切好的土豆丝要泡在水里，防止褐变。
2. 烫面时水要烧开，并快速搅拌均匀。
3. 烫熟的面团要及时摊开散热。
4. 擀皮时要在面剂上刷油，否则成熟后不易撕开。
5. 烙制成熟时，锅内不加油，防止春饼上色。

第二节　膨松面团调制

膨松面团是指在面团调制过程中加入适当的辅助原料，或采用适当的调制方法，使面团发生生物、化学和物理反应，产生或包裹大量气体，通过加热使气体膨胀而达到膨松效果的面团，按膨松方法可分为生物膨松面团、化学膨松面团和物理膨松面团三种。

一、生物膨松面团调制

生物膨松面团是指在面粉中加入适量酵种或酵母，与水等原料调制成团，置于适宜的温度下发酵，通过酵母的发酵作用得到的膨胀松软的面团。

生物膨松面团色泽洁白，体积疏松膨大，质地暄软，组织结构呈海绵状，制品形态饱满、口感松软、味道香醇适口，适宜制作馒头、花卷、包子等。

生物膨松面团按酵母菌的来源，可分为酵种发酵面团和酵母发酵面团。

1. 酵种发酵面团

酵种发酵面团是指用面粉、酵种、水等原料调制而成的面团。

酵种又称面肥、老肥、引子、面头，是将当天剩下的发酵面团加水调散，加入面粉调制成软面团进行发酵得到的。

酵种发酵面团按面团的发酵程度和调制方法，又可以分为大酵面、嫩酵面、碰酵

面、戗酵面、开花酵面和烫酵面，具体见下表。

酵面种类	特点	用途
大酵面	又称全酵面、登发面，是指发足了的面团，即发酵成熟的面团。用这种面团制作的成品柔软，易消化	适宜制作馒头、花卷、包子等
嫩酵面	又称小酵面，是指没有发足的面团，即未发酵成熟的面团。这种面团有一定韧性，弹性较好	适宜制作花色包子、汤包、酵面层酥类制品等
碰酵面	又称抢酵面，性质与大酵面相同，调制面团时酵种与面粉的比例为 2 ∶ 3 或 1 ∶ 1，和面时加入碱，以调节面团的酸碱度，调好后即可使用	同大酵面，但成品质量不如大酵面
戗酵面	是指在兑好碱的大酵面中戗入 30% ~ 40% 干面粉调制而成的发酵面团。用这种面团制作的成品洁白、硬实，有层次，弹性强，吃口干硬，有嚼劲	适宜制作戗面馒头、高庄馒头等
开花酵面	开花酵面的调制方法是在酵种中掺入 50% 干面粉，发酵时间略长于大酵面，使面团稍微成熟过度，酸碱中和时加入适量的白糖、饴糖和猪油，揉匀、揉透即可。这种面团较软，无筋性，制品表面自然开花，绵软香甜	适宜制作开花馒头等
烫酵面	俗称"熟酵"，是指面粉加沸水调制成热水面团，稍冷却后加入酵种揉制、发酵而成的面团。这种面团具有筋性小、柔软、吃口软糯、色泽较暗等特点	适宜制作煎、烤成熟的饼类，如黄桥烧饼等

（1）原料配比

面粉 500 克，酵种 50 ~ 100 克，水 250 克。

（2）工艺流程

准备面粉、酵种、水→和面→揉面→酵种发酵面团→兑碱。

（3）调制方法

酵种用少量水调散备用，面粉过筛置案板上，开窝，加入调好的酵种、水，抄拌均匀，揉搓至面团表面光滑，静置发酵。

（4）技术要领

1）酵种要新鲜，否则杂菌过多，影响面团发酵质量。

2）控制好面团调制水温和面团发酵温度。酵母生长繁殖的适宜温度为 27 ~ 30 ℃，最适宜的温度为 28 ℃。酵母的活性随温度升高而增强，但温度过高，则会导致酵母活性下降，且易引起杂菌大量繁殖，影响发酵制品质量。温度低，酵母活性降低，发酵迟缓。

控制发酵面团温度的方法主要有两种：一是调节和面的水温，冬季用温水，夏季用冷水；二是控制面团的发酵温度，面团发酵的最适宜温度为 28 ℃，高于 35 ℃或低于 15 ℃都不利于面团发酵。

3）面团要软硬适中。面团软，面筋网络容易被延伸，面团容易膨胀，发酵速度快，但面团保持气体的能力差；面团硬，则相反，面团具有较强的持气性，但面筋网络不易被延伸，发酵速度慢。

4）面团发酵时间要适当。要根据酵母种类、制品要求、水温、发酵温度、面团软硬等多方面因素控制好发酵时间。发酵时间长，面团会变稀软，弹性差，酸味强烈，制品成熟后软塌不暄软；发酵时间短，则面团胀发不足，制品僵硬。一般夏季发酵约 1 ～ 2 小时，春秋季约 3 小时，冬季约 5 小时。

5）控制盐、糖的添加量。盐、糖都有辅助面团发酵的作用，但一般情况下盐的添加量应≤ 1%，糖的添加量为 5% ～ 7%。添加过量的盐、糖都会抑制酵母的活性，影响面团发酵速度。

6）掌握兑碱技术。酵种发酵面团因酵种中含有杂菌（主要是产酸菌），在面团发酵过程中会产生有机酸，从而降低面团工艺性能，影响制品口味，因此，发酵结束后要进行兑碱。兑碱又称扎碱、揣碱、下碱、吃碱等，是酵种发酵面团调制的关键技术。

①碱的种类。兑碱工艺中一般使用食碱和小苏打进行中和去酸。食碱适用于发酵成熟或过老的面团，小苏打适用于嫩酵面。

②加碱量。酵种发酵面团的兑碱量是没有固定标准值的，要根据酵面种类、气温高低、成熟方法、碱的种类、制品要求等因素的具体情况灵活掌握。因此，兑碱工艺是酵种发酵面团最重要、最难掌握的基本功，酵种发酵面团兑碱参考用量见下表（单位：克）：

面团	每 500 克酵面用碱量		
	春秋季	夏季	冬季
大酵面	5	7.5	4
嫩酵面	2.5	3.75	2
开花酵面	6	8.5	5

“跑碱”是指兑碱后的面团继续发酵产酸，从而再次造成面团酸性大于碱性，犹

如加进面团中的碱“跑”了。发酵温度越高，“跑碱”越快。所以，在发酵温度高的情况下，兑碱量要稍多，而且“跑碱”后要补碱。

③兑碱方法。常见的兑碱方法有溶碱法和戗碱法。溶碱法是将碱面放入清水中溶解成碱水，再加入面团中揉匀，因小苏打遇水易分解，所以，溶碱法宜使用食碱。戗碱法是将碱面直接戗入面团中揉匀。

④验碱方法。验碱是指对加碱的面团碱量多少的检验，主要方法有看、闻、揉、拍、试蒸（烤）、尝，具体见下表。

方法		加碱量	面团性状
看	将兑碱揉匀的面团用刀切开，观察面团内部孔洞结构	正碱	孔洞呈圆形，芝麻大小，分布均匀
		碱大	孔洞稀少或无孔洞
		碱小	孔洞大而多，大小不均，分布不匀
闻	将兑碱后的面团用刀切开，用鼻闻	正碱	有面香和酒香味
		碱大	有碱味
		碱小	有酸味
揉	通过揉面时的手感来判断	正碱	面团软硬适宜，不粘手，有筋力
		碱大	筋力大，韧性强
		碱小	粘手，无良好韧性和筋力
拍	将兑碱后的面团揉匀，用手拍打听其声音	正碱	用手拍面，打声发脆，有“嘭嘭”声
		碱大	用手拍面，打声发闷，有“扑扑”声
		碱小	用手拍面，打声发空，有“啪啪”声
试蒸（烤）	将兑碱揉匀的面团用刀切一小块，揉搓成球形放入蒸笼蒸熟或置火上烤制	正碱	色白，膨松，形态饱满
		碱大	色黄，有碱味
		碱小	色暗，膨松度差，有酸味
尝	品尝面团的味道	正碱	有面香味、甜味
		碱大	有碱味、涩味
		碱小	有酸味，粘牙

7）正确判断发酵程度。发酵程度鉴别方法见下表。

发酵程度	面团特征
发酵正常	用手指轻按面团，有弹性，膨松，用刀切开面团，剖面呈均匀的蜂窝状孔洞结构，有酒香味和酸味
发酵不足	用手指轻按面团，硬实，不膨松，用刀切开面团，剖面无孔洞或孔洞细小，结构紧实，酒香味不足，酸味小
发酵过度	面团表面有裂纹或气孔，用手指轻按面团，易断裂、塌陷，用刀切开面团，剖面孔洞大小不均，酸味重

2. 酵母发酵面团

酵母发酵面团是指用面粉、鲜酵母或干酵母、水等原料调制而成的面团。

(1)原料配比

面粉 500 克，即发活性干酵母 5 ~ 10 克，水 225 ~ 300 克，白糖 25 ~ 75 克。

(2)工艺流程

准备面粉、即发活性干酵母、水、白糖→和面→揉面→酵母发酵面团→静置发酵。

(3)调制方法

面粉过筛置案板上，中间开窝，加入酵母，白糖均匀撒在面窝边沿，加水，抄拌均匀，揉搓成团，静置发酵。

(4)技术要领

1)水温适当。水温与面团发酵关系密切，冬季应用温水，夏季应用冷水。

2)按制品对面团软硬程度要求控制加水量。

3)避免酵母直接与糖、盐接触，以免影响酵母活性。

4)掌握酵母用量，一般为面粉用量的 1% ~ 2%。

实际工作中，还有一种将生物和化学两种膨松方法综合使用的面团膨松方法，原料配比如下：

面粉 500 克，即发活性干酵母 5 ~ 10 克，水 225 ~ 300 克，泡打粉 10 ~ 15 克，白糖 25 ~ 75 克。

这种膨松方法具有发酵快、质量好的特点，在餐饮行业中被广泛应用，其工艺流程、调制方法、技术要领与酵母发酵面团相同。

技能巩固

玫瑰花卷

成品特点 营养健康，暄软可口。

皮坯原料 低筋面粉400克，酵母4克，泡打粉3克，糖15克，胡萝卜泥100克，水 100 克。

制作步骤

1. 按照原料配比准备好所需原料。胡萝卜泥过筛。

2. 将面粉、泡打粉过筛开窝，中间加入酵母、糖、胡萝卜泥、水搅匀。

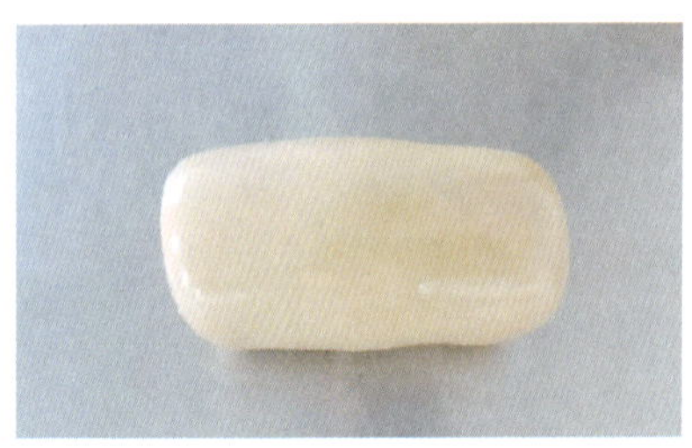

3. 将面团反复揉匀，表面光滑细腻。将揉好的面团封上保鲜膜饧制，静置发酵。

4. 将饧好的面团排气揉匀，下成15克一个的剂子。

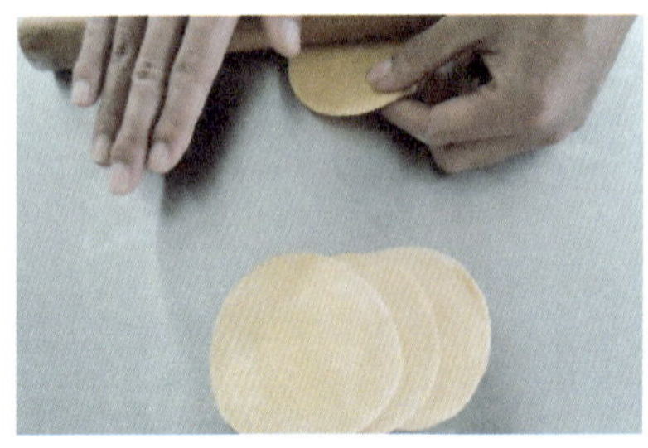

5. 将剂子擀成直径8厘米的圆皮。

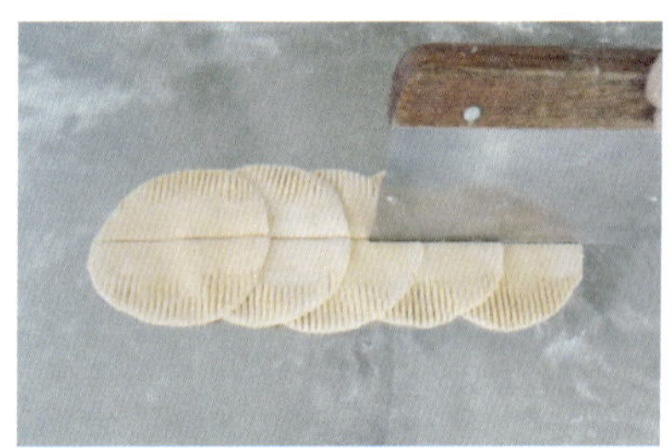

6. 将五个面皮错开叠放在一起，两边压上花纹，中间用刮板压紧。

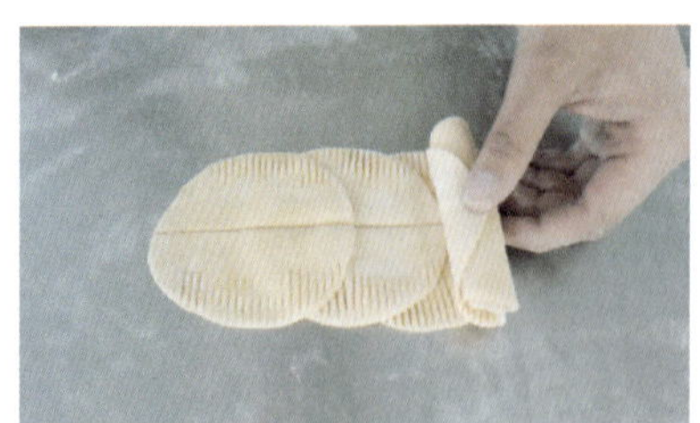

7. 将叠放好的圆皮从左向右卷起。

8. 将卷好的面皮从中间切开，即成2个生坯。

9. 蒸盘刷油，摆上做好的生坯，放入醒发箱二次发酵，再放蒸箱蒸熟。

10. 装盘点缀即可。

技术要领

1. 和面时要用温水，便于面团发酵。
2. 胡萝卜泥最好提前过筛，这样更加细腻，和面效果好。
3. 饧好的面团要排气揉匀，使制品表面更加光滑。
4. 面皮擀制时要大小一致，卷的时候要卷紧。
5. 蒸盘要刷油后摆放生坯，避免成熟后粘连。

二、物理膨松面团调制

物理膨松面团是指用鲜蛋或油脂做介质，经高速搅拌，打进大量空气，加入面粉等原料调制而成的面团。根据调搅介质不同，物理膨松面团可分为蛋泡面团和蛋油面团两种。

1. 蛋泡面团

蛋泡面团是指以鲜蛋为介质，经高速搅打，加入面粉等原料调制而成的面团。

根据调制工艺的不同，蛋泡面团的调制方法可分为传统工艺法和乳化剂法。

（1）传统工艺法

1）原料配比（以清蛋糕为例）。

面粉 500 克，鸡蛋 625 克，白糖 625 克，水适量。

2）工艺流程。

准备鸡蛋、白糖→搅打→加入面粉和水→制成蛋泡面团。

3）调制方法。

将鸡蛋打入搅拌机内，加入白糖，高速搅打至蛋液呈乳黄色，体积胀发至三倍，转慢速，加入面粉、水等原料，搅拌均匀即可。

4）技术要领。

①选择新鲜鸡蛋，因为新鲜蛋液黏稠度高，包裹和保持气体的性能好。

②选用低筋面粉，而且要过筛，拌粉要轻，以免面粉生筋或夹杂生粉粒。

③始终顺着一个方向搅拌，以免空气逸出。

④所用工具、容器必须清洗干净，无油渍。

（2）乳化剂法

1）原料配比（以卷筒蛋糕为例）。

面粉 300 克，鸡蛋 600 克，白糖 300 克，盐 3 克，水 130 克，蛋糕油 25 克，植物油 60 克。

2）工艺流程。

准备鸡蛋、白糖、盐→搅拌至白糖溶化→加入蛋糕油搅拌均匀→加入面粉和水→加入植物油→制成蛋泡面团。

3）调制方法。

将搅拌缸、搅拌桨清洗干净，加入鸡蛋、白糖、盐慢速搅拌至糖溶化，加入蛋糕油搅拌均匀，面粉过筛加进搅拌缸中，慢速搅拌 2 分钟，再高速搅拌 5 ~ 7 分钟，分次加入水搅匀，转慢速搅拌 2 分钟至面团内气泡细腻，最后加入植物油搅拌均匀即可。

4）技术要领。

①根据面团要求，合理选择搅拌机转速。

②面粉要过筛，避免面团中夹杂生粉粒。

③加入面粉后要慢速搅拌。

④加入植物油后不能搅拌过久，以免消泡。

2. 蛋油面团

蛋油面团是指以油脂为介质，经高速搅打，加入面粉等原料调制而成的面团。

根据用油量的不同，蛋油面团可分为重油面团和轻油面团。根据调制原料的不同，蛋油面团的调制方法可分为糖油调制法和粉油调制法。

（1）原料配比

单位：克

面团	面粉	白糖	奶油	鸡蛋	盐	牛奶	泡打粉
重油面团	500	500	450	500	10	0	2.5
轻油面团	500	500	200	200	10	350	25

（2）工艺流程

1）糖油调制法。

准备白糖、油脂、盐→打发→分次加入鸡蛋，搅拌均匀→加入面粉、泡打粉、奶，搅拌均匀→制成蛋油面团。

2）粉油调制法。

准备面粉、泡打粉、油脂→打发→加入糖、盐，搅拌均匀→加入鸡蛋、奶，搅拌均匀→制成蛋油面团。

（3）调制方法

1）糖油调制法。将白糖、油脂、盐加入搅拌机中，中速搅拌 8 ~ 10 分钟，至糖油膨松呈绒毛状，将鸡蛋分次加入已打发的糖油中搅拌均匀，面粉、泡打粉混合过筛，与奶一起分次加入，慢速搅拌均匀、细腻即可。

2）粉油调制法。面粉与泡打粉混合过筛，与油脂一起放入搅拌机中，先慢速搅打至油、粉混合均匀，再中速搅打约 10 分钟至膨松，加入糖、盐，继续搅打 3 分钟，转慢速，加入奶搅拌均匀，改用中速，分次加入鸡蛋，继续搅打至糖溶化即可。

（4）技术要领

1）按操作步骤要求，合理选用搅拌速度。

2）应选用颗粒细小的糖。

3）面粉要过筛。

4）鸡蛋要分次加入。

5）以选用熔点较高、可塑性强的油脂为佳。

技能巩固

八宝枣糕

成品特点 枣香浓郁，营养丰富。

主要原料 低筋面粉 180 克，红糖 100 克，鸡蛋 6 个，植物油 80 克，红枣 360 克，蜜枣粒 20 克，花生碎 20 克，松子仁 15 克，蜜豆 10 克，核桃碎 20 克，葡萄干 20 克，水 140 克。

制作步骤

1. 按照原料配比准备好所需原料。

2. 将红枣用清水泡软后去核。

3. 将去核的红枣加少许水，用破壁机打成泥，再加入植物油搅拌均匀备用。

4. 将鸡蛋的蛋清和蛋黄分开。

5. 将蛋清用手持打蛋器高速搅打，直至全部搅打成泡沫状。

6. 再将红糖分次加入。

7. 用低速将红糖搅拌均匀。

8. 再将蛋黄加入蛋清中，低速搅拌均匀。

9. 将低筋面粉过筛，加入蛋清糊中搅拌均匀。

10. 最后把枣泥、蜜枣粒、花生碎、蜜豆、松子、葡萄干、核桃碎拌入面糊中。

11. 面糊由下向上拌匀后倒入刷油模具中，表面撒上干果原料，放入蒸箱蒸制30分钟。

12. 将蒸制好的八宝枣糕切块装盘，即可上桌。

技术要领

1. 打蛋清的盛器中不能有油脂。
2. 制作过程中，加蛋黄、红糖、面粉后不能长时间搅拌。
3. 蒸制过程中不能打开蒸箱。
4. 枣糕晾凉后再切，以使切面整齐。

三、化学膨松面团调制

化学膨松面团是指在面粉中加入化学膨松剂，调制成具有受热膨松特点的面团，制品具有组织疏松多孔，口感膨松、酥脆的特点。

化学膨松剂主要有两大类，一类是发粉类膨松剂，如小苏打、臭粉、泡打粉等；一类是矾碱盐。化学膨松面团根据添加膨松剂类别的不同，可分为发粉类膨松面团和矾碱盐面团。发粉类膨松面团在调制时常根据制品要求添加油、糖、蛋、乳、水等辅料。

1. 发粉类膨松面团

（1）原料配比（以桃酥为例）

面粉 500 克，白糖 300 克，鸡蛋 100 克，猪油 200 克，水 50 克，小苏打 5 克，臭粉 5 克。

（2）工艺流程

准备面粉和化学膨松剂→加入辅料（油、糖、蛋、乳、水等）→复叠成团。

（3）调制方法

面粉与化学膨松剂混合过筛，置案板上，开窝，将辅料（油、糖、蛋、乳、水等）放入面窝中，乳化均匀，用复叠法调制成团即可。

（4）技术要领

1）准确控制化学膨松剂的用量。

2）避免化学膨松剂直接与水接触，尤其是热水，以免膨松剂分解失效。

3）调制面团时应采用复叠法，以免面团生筋。

4）根据制品具体要求，合理选择膨松剂。

2. 矾碱盐面团

（1）原料配比

单位：克

季节	面粉	明矾	食碱	盐	水
春、秋	500	12	6	12	300
夏	500	13	6.5	15	275
冬	500	11	5.5	10	325

(2) 工艺流程

准备面粉、明矾、食碱、盐、水→搅拌“矾花”→加入面粉，拌粉→捣揉→成团。

(3) 调制方法

将明矾碾成细末，与碱、盐一起放入盆内，加水搅拌至起“矾花”，加入面粉调制成团，反复捣揣至面团光滑即可。

(4) 技术要领

1) 原料比例适当。矾碱比例不当会影响制品的膨松度和酥脆度，可通过“矾花”判断，见下表：

方法	矾碱比例	“矾花”特征
听声	正常	有泡沫声
	矾轻	无泡沫声
水溶液颜色	正常	呈乳白色
用油花	正常	把溶液滴入油内，水滴成珠，并带“白帽”
	碱轻	“白帽”多而水珠小于帽子
	碱重	水滴入油内有摆动，水珠看上去结实，不带“白帽”

此外，盐可以增进制品风味和强化面筋。夏季气温高，面筋性能减弱，需多加盐，以增强面筋的强度和弹性。此类面团为软面团，加水量偏大，一般为 500 克面粉加水 275 ~ 325 克。水温也要随季节变化而有所调整，一般夏季用冷水，冬季用温水。

2) 面团要充分捣揣直至光滑。

3) 根据面粉筋力大小、面团软硬程度、气温等因素确定醒发时间，一般为 1 小时左右。

技能巩固

姜汁排叉

成品特点　甜香酥脆，姜味柔和。

皮坯原料　高筋面粉 300 克，盐 15 克，臭粉 1 克，小苏打 1 克，青红丝 10 克，白糖 150 克，糖桂花 10 克，饴糖 20 克，姜丝 15 克。

制作步骤

1. 按照原料配比准备好所需原料。

2. 将面粉过筛后开窝，中间加入盐、臭粉、小苏打、水搅匀。

3. 将面粉和水抄拌均匀，揉成光滑的面团。

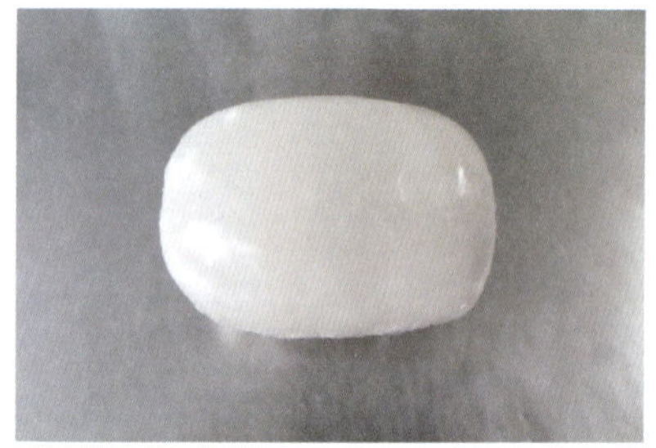
4. 将揉好的面团封上保鲜膜饧制20分钟。

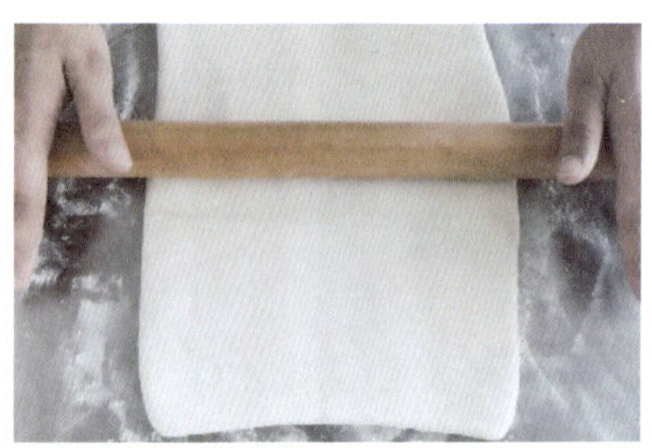
5. 将饧好的面擀成长方形薄片。

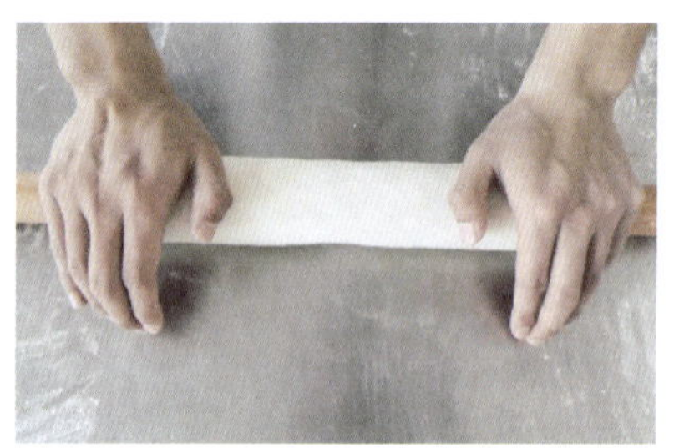
6. 中间撒上干面粉，卷起、擀薄，反复多次。

7. 将擀好的面从擀面杖上切开。

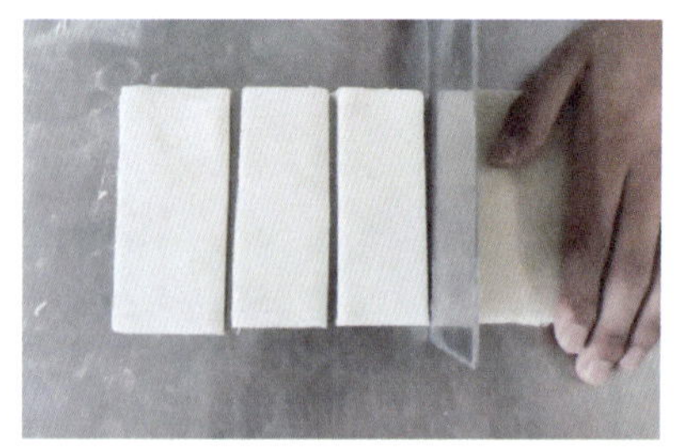
8. 修成长方形长条，再切成宽3厘米、长8厘米的长方形面片。

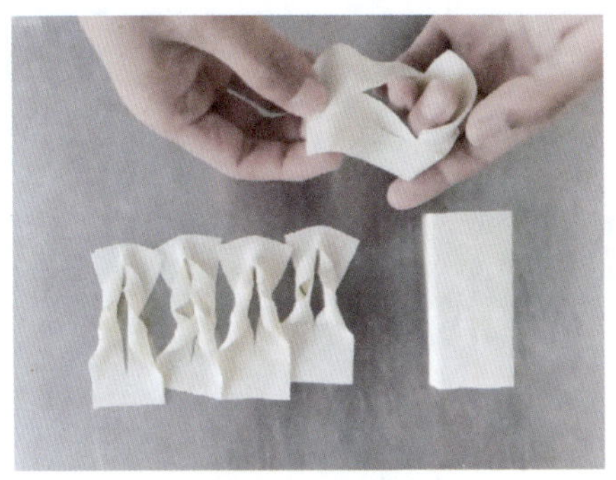

9. 在面片上划上三刀，从中间穿进去即成生坯。

10. 锅内烧油，下入生坯，炸制金黄色捞出。

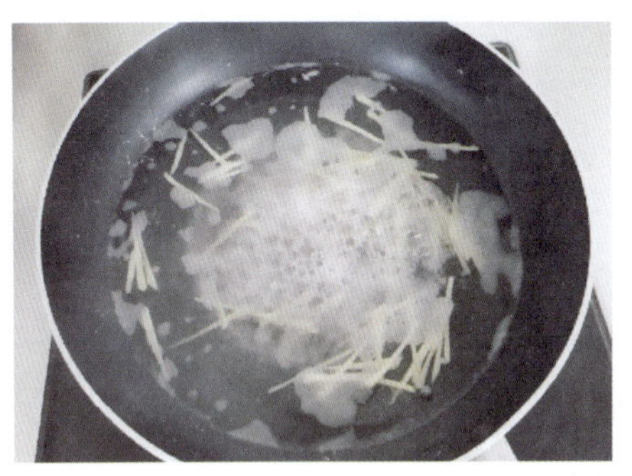

11. 锅内加白糖、饴糖、水、姜丝熬制糖浆。

12. 将炸好的排叉蘸上糖浆，撒上青、红丝，淋上糖桂花即可。

技术要领

1. 和面时水应分次加入，加水量要准确。
2. 擀制时用力均匀，面皮薄厚一致。
3. 切皮时确保刀刃锋利，下刀利落。
4. 炸制时要掌握好火候，油温低，制品容易浸油；油温高，制品容易焦煳。
5. 熬制糖浆时要用小火，避免煳锅。

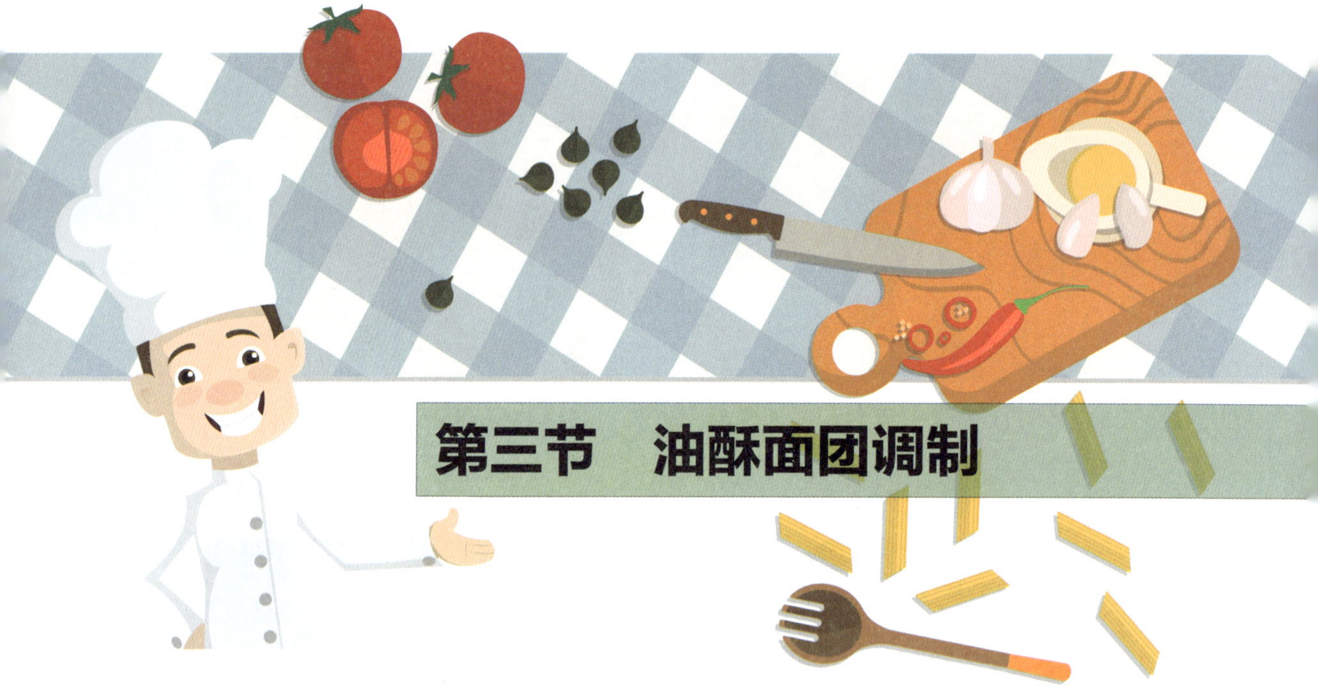

第三节　油酥面团调制

油酥面团是以面粉和油脂为主要原料，配以水、辅料（盐、糖、鸡蛋、酵母、化学膨松剂等）调制而成的面团，可分为层酥面团和混酥面团。

- 油酥面团
  - 层酥面团
    - 水油面层酥面团
    - 水面层酥面团
    - 酵面层酥面团
  - 混酥面团

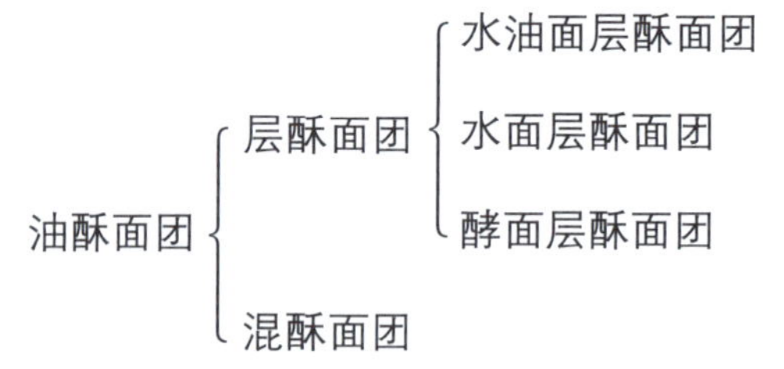

一、层酥面团调制

层酥面团是指以面粉、水和油脂为主要原料，加入盐、酵母、鸡蛋等辅料，调制成两种性质完全不同的面团，即酥皮面团和酥心面团，再经包、擀、叠、卷等开酥方法，制成的有层次结构的面团。

层酥面团按酥皮性质不同可分为水油面层酥面团、酵面层酥面团、水面层酥面团三类。

1. 水油面层酥面团调制

水油面层酥面团是以水油面团为皮，干油酥面团为酥心，经包酥复合而成的面团，其特性为层次多样、可塑性强，有一定弹性、韧性。用此类面团制作的制品层次分明、清晰，口感松化酥香。

（1）原料配比

单位：克

面团	面粉	水	油脂
水油面团	500	200 ~ 250	75 ~ 125
油酥面团	500	0	250 ~ 280

（2）工艺流程

准备面粉、水、油脂→和面→揉面→水油面团
准备面粉、油脂→和面→揉面→油酥面团
}→开酥→水油面层酥面团

（3）调制方法

1）水油面调制。面粉过筛置案板上，中间开窝，加入水、油，将水、油搅拌、乳化均匀后，采用调和法调制成团，饧制后，将面团揉匀、揉透，加盖湿布静置备用。

2）油酥面团调制。面粉过筛置案板上，加入油脂，抄拌均匀后，用双手掌根反复推擦，直至面粉与油脂充分粘结成团为止。

3）包酥。包酥是指用水油面团包油酥面团的过程，两种面团的比例一般为 3 ∶ 2 或 1 ∶ 1。根据制品要求不同，包酥有两种方法。

①大包酥。大包酥是指先包酥后下剂，一次可制成多个（几十个）剂子的包酥方法，具有生产量大、速度快、效率高的特点，但起层效果差，常用于大批量制作或对酥层要求不高的制品。

大包酥的包制方法主要有以下几种：

将酥皮面团擀（按）成中间厚、边缘薄的圆形，将酥心面团放在中间，提起酥皮面团的边缘，捏严收口即可。

将酥皮面团擀（按）成中间厚、边缘薄的“十”字形，将酥心面团放在中间，将“十”字形酥皮面团的四边折向中间，包住酥心面团即可。

将酥皮面团擀成长方形片状，将酥心面团放在面片中间的 1/3 处，或放在面片的 1/2 处，将面片折起包住酥心面团即可。

②小包酥。小包酥是指先下剂后包酥，一次只能制成一个或几个剂子的包酥方法，具有酥层清晰均匀、面片光滑、不宜破裂的特点，但制作速度较慢、效率较低，常用

于筵席精点的制作。

小包酥的包制方法：分别将酥皮面团和酥心面团揪成剂子，将酥皮面剂擀（按）成中间厚、边缘薄的圆形，取酥心面剂放在中间，收拢包住酥心面团即可。

4）开酥。开酥又称起酥，是将包酥后的面团经擀、叠、卷等操作形成层次的过程。根据成品的要求，一般可分为擀叠起层和擀卷起层两种方法。

①擀叠起层。将包酥后的面团按扁后，擀成长方形片状，然后将 1/3 处叠向中间，成为三层，继续擀制、折叠，反复 2 ~ 3 次，形成长方形的层酥面团。

②擀卷起层。将包酥后的面团按扁后，擀成长方形片状，一折三层，再擀成长方形片状，从外向内卷成圆筒形的层酥面团。

（4）技术要领

1）水油面团调制技术要领。

①面粉、水、油脂三者比例要恰当。水多油少，面团酥性差，酥层易粘连，成品口感硬；水少油多，面团酥性大，难以操作。

②水油要搅拌均匀，充分乳化，使面团筋酥均匀。

③水温、水量要适当。一般而言，制品要求酥性大的面团，水温可高些；制品要求起酥效果好的面团，水温可低些。水量直接影响面团软硬，受加油量和面粉质量的影响，加水量随油量增加而减少，随面粉面筋含量增加而增大。

④面团和好后要饧制，以保证面团有良好的延伸性，便于操作。

⑤备用面团要加盖湿布，以防干裂。

2）油酥面团调制技术要领。

①面粉、油脂比例恰当，面团软硬适度。

②合理选用油脂。不同的油脂调制的油酥面团起酥性也不同，一般以动物油脂为佳。此外，还要注意油温，调制油酥面团一般用冷油。

③油酥面团与水油面团软硬一致。

④面团调制时要擦匀，使面粉和油脂充分黏合。

3）包酥技术要领。

①酥皮面团和酥心面团的比例要适当。酥心面团过多，擀制困难，易破酥、露馅，坯剂易翻硬，不易包制成形，成熟时易散碎；酥皮面团过多，易造成酥层不清，成品

不酥松。

②酥皮面团和酥心面团软硬要一致。酥心面团过硬，开酥时易破酥；酥心面团过软，开酥时酥心面团易向酥皮面团边缘堆积，造成酥层不匀，影响制品起层效果。

4）开酥技术要领。

①擀制时用力要均匀，使酥皮厚薄一致。

②擀制时尽量少用干面粉，以免加速面团变硬，熟制时酥层易散碎。

③擀制的酥坯厚薄适当，卷、叠要紧，以免酥层黏结不牢，熟制时酥层分离、脱壳。

2. 水面层酥面团调制

水面层酥面团传统的是以油酥面团为酥皮，冷水面团为酥心，经包制复合而成，操作难度大。目前常用的方法是以水面面团为酥皮，油酥面团为酥心，经包制复合而成，其特性是层次清晰、弹性和韧性良好、可塑性较差。用此类面团制作的制品是广式糕点中的常见品种，融合了西点起酥类制皮方法，制品具有较大起发性，体积膨胀大，层次分明，口感浓香，酥脆松化。

（1）原料配比

单位：克

面团	面粉	油脂	盐	水
水面面团	500	0	10	250 ~ 275
油酥面团	150 ~ 200	500	0	0

备注：可根据具体品种的工艺要求增加其他辅料，如鸡蛋、白糖等。

（2）工艺流程

准备面粉、水、盐→和面→揉面→水面面团
准备面粉、油脂→和面→揉面→油酥面团
}→开酥→水面层酥面团

（3）调制方法

1）水面面团调制。面粉过筛置案板上，中间开窝，加入水、盐，采用调和法调制成团，反复揉搓至面团光滑并上筋为止，盖上保鲜膜饧制。

2）油酥面团调制。在油脂中加入面粉，拌和擦制均匀，整理成方形，入冰箱冷冻至油脂发硬，成为硬中带软的块状即可。

3）包酥。将饧制好的水面面团擀成长方形，再将已冻硬的油酥面团敲擀成水面面团一半大小，放在水面面团的 1/2 处，提起另一半水面面团盖在油酥层上，压严边缘。

4）开酥。采用擀叠起层方法，将包酥后的面团擀开，一折三层（四层）后，入冰箱冷冻，反复三次即成。

（4）调制技术要领

水面层酥面团油脂用量大，操作时要放入冰箱冷冻。此外，制品在成熟过程中胀发性大，所以调制水面面团时要选用筋力好的面粉，油脂可用片状起酥油代替。

其余要点同水油面层酥面团调制工艺要点。

3. 酵面层酥面团

酵面层酥面团是以发酵面团为酥皮，干油酥面团为酥心，经包制复合而成的面团，其特性是质地疏松、层次清楚，有一定弹性和韧性，可塑性较差。用此类面团制作的制品多为地方风味糕点，风味独特，既有发酵面的松软柔嫩，又有油酥面的酥香松化，口感暄软酥香。

（1）原料配比

单位：克

面团	面粉	水	油脂	酵母
发酵面团	500	250 ~ 300	0	5
油酥面团	500	0	250 ~ 280	0

备注：如发酵面团使用酵种发酵，还需加碱扎至正碱。

（2）工艺流程

准备面粉、水、酵母→和面→揉面→发酵面团 }
准备面粉、油脂→和面→揉面→油酥面团 } →开酥→酵面层酥面团

（3）调制方法

1）发酵面团调制。面粉过筛置案板上，中间开窝，加入酵母、水，和制成团，静置发酵。为了提高制品的酥松性，一般采用热水和面或部分热水、部分冷水和面，使面团韧性降低，部分淀粉糊化，待面团冷却至常温时，将酵母（酵种）加入面团中，然后将面团揉至均匀、光滑，加盖湿布发起即成。

2）油酥面团调制。将面粉过筛置案板上，加入油脂，抄拌均匀后，用双手掌根

反复推擦，直至面粉与油脂充分黏结成团为止。也有将植物油加热至七八成热，冲入面粉中调制成较为稀软的油酥面，采用抹酥的方法开酥。

3）包酥。包酥是指用发酵面团包油酥面团的过程，其比例一般为3∶2或2∶1，根据制品具体要求不同，可选择大包酥或小包酥。

4）开酥。起层方法一般以擀卷起层为主，制成品多为暗酥。

（4）调制技术要领

为了提高制品酥松度，改善口感，酥皮一般采用烫酵面的调制方法。

其余要点同水油面层酥面团调制工艺要点。

4. 酥层种类

层酥面团制品的种类主要有明酥、暗酥、半暗酥三种。

（1）明酥

经开酥制成的成品表面呈现明显酥层的统称为明酥制品。根据酥层表现形式，明酥可分为圆酥、直酥、叠酥、排丝酥、剖酥等。

1）圆酥。制品表面呈现螺旋形酥纹的明酥。

制法：层酥面团经擀卷开酥后，横切成剂，刀口朝上，用手按扁，擀成圆皮包捏成形，如酥盒、龙眼酥等的制作。

2）直酥。制品表面呈现直线形酥纹的明酥。

制法：层酥面团经擀卷开酥后，横切成段，再顺刀剖开成两个坯剂，用手按扁，顺酥纹擀制成皮，以有酥纹的一面为面子，无酥纹的一面为里子，包捏成形，如海参酥、萱花酥等的制作。

3）叠酥。层酥面团经擀叠开酥后，直接切成一定形状的皮坯，再夹馅、成形或直接成熟，如兰花酥、叉烧酥、燕窝酥等的制作。

4）排丝酥。将开酥后形成的长方形酥皮切成长条，抹上蛋清，然后将刀口朝上，互相粘连，在有层次的一面再抹上蛋清，贴上一层薄水油面皮，以有层次的一面做面子，包捏成形，如枇杷酥、藕丝酥等的制作。

5）剖酥。层酥面团经擀叠或擀卷开酥后，直切平放、包馅成形后，再在光滑表面剞刀而成。

剖酥制品可分为烘烤型和油炸型两种，具体制作如下：

烘烤型：暗酥坯剂，包入馅心，用刀切出数条刀口，再经整形而成，如菊花酥等。

油炸型：大包酥开酥后制成暗酥坯剂或小包酥开酥制成坯剂，包捏成形，静置十几分钟，待表面翻硬，用刀片在生坯上剞刀，经油炸熟制，酥层外翻，如荷花酥、百合酥等。

（2）暗酥

经开酥制成的成品表面看不到层次的统称为暗酥。

制法：层酥面团经擀卷或擀叠开酥后，直切平放，擀剂包馅而成。

（3）半暗酥

经开酥制成的成品，酥层一部分在外、一部分在内的统称为半暗酥。

制法：层酥面团经擀卷开酥后，横切成剂，竖放，用手沿 45° 角斜按，擀成圆皮，包捏成形。

（4）制作技术要领

1）明酥制作工艺要点。

①开酥时要厚薄均匀，不能破酥。

②切坯时，刀要锋利，避免刀口处粘连。

③圆酥坯剂擀制时，用力要轻，不能破坏酥纹，包制时以酥纹清晰的一面做面子，另一面做里子。

④油炸型剖酥开酥时要均匀，酥皮不宜擀得过薄或过厚，过薄酥层易碎，过厚酥层少，影响美观。待生坯翻硬后再剞刀，以免刀口处粘连，影响制品翻酥。

⑤收口时如包捏不紧，可在封口处涂少许蛋液，以防成熟时变形、露馅。

2）暗酥制作工艺要点。

①开酥时要厚薄均匀。

②包馅时收口要捏紧、封严。

3）半暗酥制作工艺要点同明酥。

技能巩固

鸳鸯酥盒

成品特点 造型独特，层次清晰。

皮坯原料 高筋面粉 100 克，低筋面粉 400 克，猪油 150 克，绵白糖 30 克，清水 125 克。

馅心原料 莲蓉馅 200 克。

制作步骤

1. 原料按要求准备，制作水油皮：低筋面粉200克，高筋面粉100克，猪油 50 克，清水 125 克；制作干油酥：低筋面粉200克，猪油100克。

2. 将面粉过筛开窝，中间加猪油、绵白糖、水搅拌均匀。

3. 用抄拌法和成表面光滑的面团，饧面。

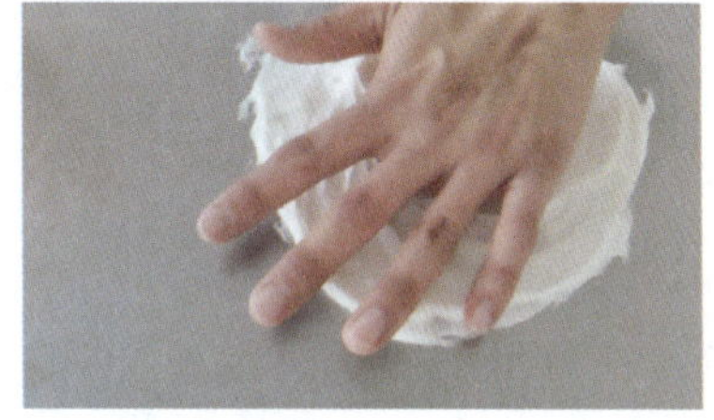

4. 将猪油搓擦软化。

5. 用翻叠按压的手法和制干油酥。

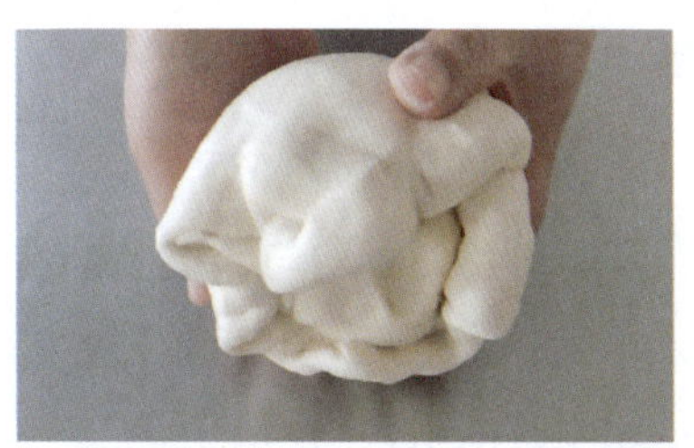

6. 用水油面团包干油酥，收口收紧。

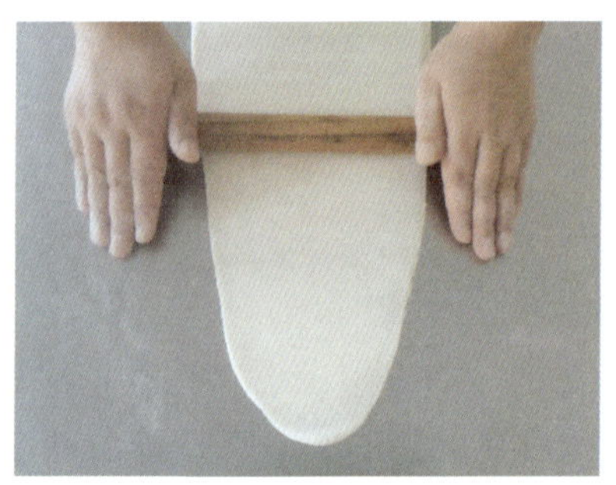

7. 擀成牛舌形对折，再擀大、擀薄，厚度为 0.1 厘米。

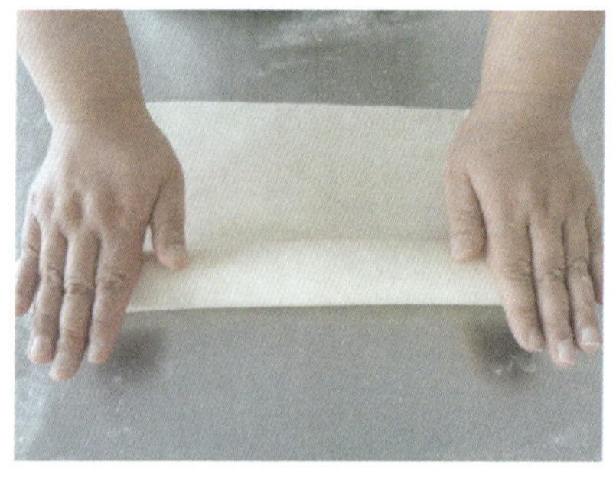

8. 由外向内卷紧成圆筒状，边卷边搓。

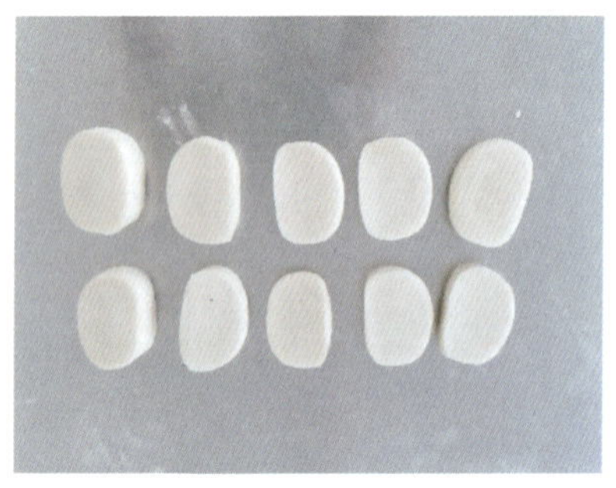

9. 切成厚度为 1 厘米的剂子，截面向上竖放在案板上。

10. 将面剂由中间向四周擀圆，包入馅心，对折捏紧成半圆形。

11. 将两个半圆底边上下交错对齐，两角捏紧成太极形，再捏出绳股花边即可。

12. 油锅烧至三成热，下入生坯炸制上色，捞出装盘。

技术要领

1. 水油面和油酥面软硬要一致，否则易破酥。
2. 开酥时用力要均匀，以免层次、厚薄不一。
3. 卷筒时要卷紧，不能撒过多的干面粉。
4. 炸制时控制好油温。

二、混酥面团调制

混酥面团是指由面粉、油脂、糖、蛋、乳、膨松剂、水等原料调制而成的面团，具有良好的可塑性，缺乏弹性和韧性，制品成熟后口感酥松，不分层。

混酥糕点根据制品酥性特点可分为甜酥和松酥两大类。甜酥类制品重糖、油，口感特别酥松，不分层。松酥类制品面团中都加入油、糖、蛋、膨松剂，但比例较小，面团带有韧性，多为包馅制品或油炸制品，成品口感松而酥脆。

1. 工艺流程

（1）糖油调制法

准备油脂、糖→加入鸡蛋、乳、水，搅拌乳化→加入面粉、膨松剂，拌粉→混酥面团→成形→熟制→成品。

（2）粉油调制法

准备面粉、油脂、膨松剂→加入糖，搅拌→加入鸡蛋、乳、水，搅拌均匀→混酥面团→成形→熟制→成品。

2. 面团调制

（1）糖油调制法

糖油调制法是混酥面团最常用的调制方法，面团量小时可采用手工调制，面团量大时可采用机器调制。

1）手工调制法。面粉过筛置案板上，中间开窝，膨松剂放在面窝外侧或同面粉混合一起过筛，加入糖、油、蛋、乳、水等原料，用手搅拌成均匀的乳浊液，拌入面粉，采用翻叠法调制成团。

2）机器调制法。先将面粉、膨松剂过筛，然后将糖、油、蛋、乳、水等原料放入和面机中，搅拌均匀，再加入面粉，慢速搅拌成团。

（2）粉油调制法

1）手工调制法。先将面粉、膨松剂过筛，加入油脂并用手搓成粉粒状，加入糖搅拌均匀，再加入蛋、乳、水等原料搅拌均匀成团。

2）机器调制法。先将面粉、膨松剂过筛，加入油脂充分搅拌，使油脂包裹面粉颗粒，阻碍面粉吸水，减少面筋生成，然后加入糖搅拌均匀，最后加入蛋、乳、水等原料慢速搅拌成团。

3. 调制技术要领

（1）面粉宜选用低筋面粉，如面粉筋度高，调制面团时易生筋。

（2）应选用可塑性、乳化性、起酥性好的油脂。

（3）应选用颗粒小、易溶化的糖。

（4）严格按照不同的调制方法掌握投料顺序。

（5）拌入面粉后不宜长时间翻叠或搅拌，以免面团生筋，影响操作及成品质量。

（6）调制好的面团不宜久放，否则易生筋。

（7）面团用水要一次加足，不能在拌粉过程中或成团后再加水。

技能巩固

凤梨酥

成品特点 口感酥松，甜而不腻。

皮坯原料 低筋面粉 200 克，糖粉 30 克，杏仁粉 50 克，奶粉 30 克，黄油 200 克，鸡蛋 2 个，盐 1 克。

馅心原料 菠萝 400 克，饴糖 50 克，绵白糖 30 克。

制作步骤

1. 将所需原料按要求配齐。

2. 菠萝去皮切碎，将切碎的菠萝、绵白糖放入锅中翻炒，水分蒸发后放入饴糖继续炒。炒至颜色变深且呈黏稠状即可，盛出晾凉备用。

3. 黄油、糖粉乳化、擦匀。分次加入鸡蛋搅匀。

4. 面粉、奶粉、杏仁粉过筛。

5. 用翻叠的手法将其调制成团。

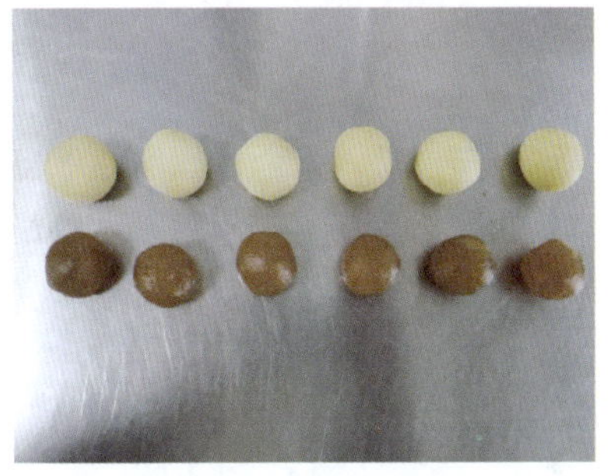

6. 将面团分成20克一个、凤梨馅分成15克一个，然后搓圆。

7. 面剂按扁，包入馅心，收口后搓圆，即成生坯。

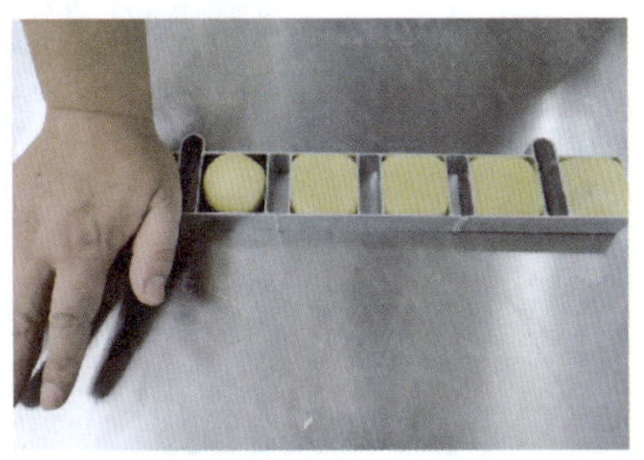

8. 将搓好的生坯放入模具，用掌根按扁。

9. 烤箱预热170℃，烤制15分钟取出，将凤梨酥翻面再烤制10分钟。

10. 晾凉后取出，装盘点缀即可。

技术要领

1. 炒制凤梨馅时要用小火，控制好火候。
2. 加入面粉时要提前过筛，面团要用翻叠按压的手法调制。
3. 面团若太软，可以放入冰箱冷藏半个小时再操作。
4. 放入模具时，先将四角轻轻推压到位，再用手按紧实。
5. 烤制时烤箱要提前预热，中间要翻面。

第四节　浆皮面团调制

浆皮面团又称提浆面团、糖浆面团，是以面粉、油脂、糖浆为主要原料调制而成的面团。这类面团质地细腻，具有良好的可塑性，柔软且延伸性能良好，具有一定的抗老化能力。

一、原料配比

面粉 500 克，糖浆 250 ~ 400 克，植物油 100 ~ 150 克，枧水 10 克。

二、工艺流程

准备糖浆、油、枧水→乳化均匀→加入面粉，拌粉→制成浆皮面团。

三、调制方法

将糖浆、油、枧水充分搅拌、乳化均匀，加入过筛的面粉，翻叠成团。

四、技术要领

1. 糖浆、油、枧水要充分搅拌、乳化均匀，以免影响面团弹性和韧性，导致质地松散，走油生筋。

2. 面团软硬要与馅料一致，可通过增减糖浆或分次拌粉来调节，不可加水调节。

3. 加入面粉后采用翻叠手法调制面团，翻叠均匀即可，防止生筋。

4. 调好的面团不宜久放，以免生筋。

技能巩固

莲蓉蛋黄月饼

成品特点 皮薄馅丰，口感细腻。

皮坯原料 低筋面粉 300 克，转化糖浆 180 克，花生油 80 克，枧水 6 克，鸡蛋 1 个。

馅心原料 白莲蓉馅 200 克，咸蛋黄 6 个。

制作步骤

1. 按照原料配比准备好所需原料，面粉选用低筋面粉，油选用花生油。

2. 盆中倒入花生油、转化糖浆和枧水，用手搅拌均匀。

3. 面粉过筛倒入盆中，采用翻叠法调制面团，和好后封保鲜膜饧制10分钟。

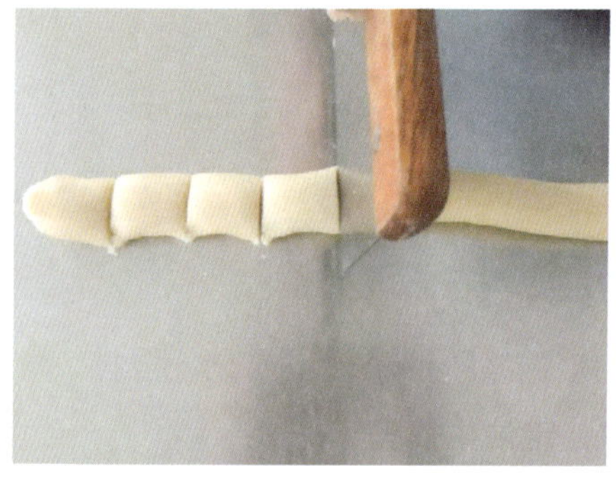

4. 饧好的面团搓成直径为2.5厘米的长条，用刮刀切成23克一个的剂子。

5. 咸鸭蛋放入烤盘，温度180 ℃烤制10分钟，微凉后搓散分成7克一个的小份。

6. 将莲蓉馅分成20克一个的小份，揉圆按扁，取7克咸蛋黄放中间包起待用。

7. 取一个面剂按扁放在手心，中间放入馅心，用虎口收紧面皮，把整个馅心包裹起来并揉光滑。

8. 将包好馅心的面团放入月饼模具里，用手掌按压，再提起月饼模具，将压好的饼坯放入烤盘。

9. 烤箱温度设置为底火 190 ℃、面火 200 ℃，先烤 5 分钟定形后取出，表面刷少许蛋黄液，再放入烤箱继续烤 10 分钟，至表面金黄色即可出炉。

10. 月饼烤好后稍冷却至 60 ℃左右，戴上一次性手套进行热包装。5 ~ 7 天回软后，月饼口感更佳。

技术要领

1. 和面时不能搅拌上劲、生筋，拌匀且没有生面粉即可。
2. 莲蓉馅要偏硬一些，这样包住蛋黄后不容易变形，否则包馅时易破开。
3. 月饼模具里可刷一些油，防止粘连。

第五节 米及米粉面团调制

米及米粉面团是指用米及米粉与水、辅料调制而成的面团，按性质可分为米类面团和米粉面团两类。

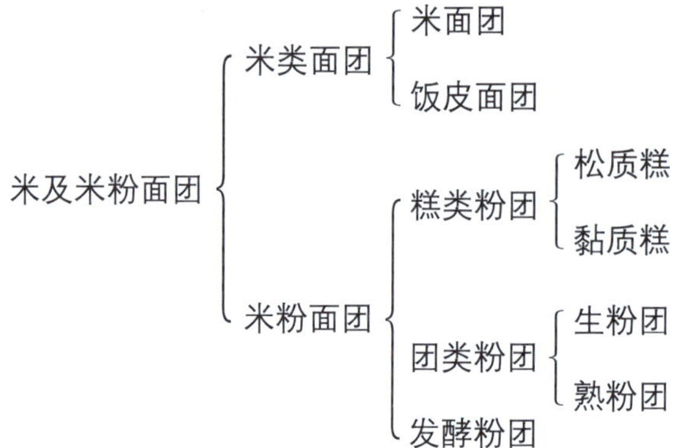

一、米类面团调制

米类面团是指以米和水为主要原料，添加适当辅料调制而成的面团，可分为米面团和饭皮面团。

1. 米面团

米面团是指用米和水经蒸、煮熟制而成的面团。成品主要为各类米饭、粥类，具有米香浓郁、粒形清晰的特点。

（1）工艺流程

洗米→蒸 / 煮→成品。

（2）制作方法

将米（粳米、籼米、糯米）淘洗干净，倒入锅中，根据制品要求加入适量水，经蒸、煮至成熟。

（3）技术要领

1）米不可过度淘洗，以免造成营养流失。

2）水要一次加足，不能中途补水，以免造成夹生。

3）控制火力，一般为先大火将水烧开，再改小火蒸、煮。

2. 饭皮面团

饭皮面团是指用米和水经蒸、煮成饭，再经搅拌、搓擦调制而成的面团。成品具有米本身特有的色泽，有黏性、可塑性和一定的韧性，口感软糯。

按饭皮成熟方式，饭皮面团的调制可分为干蒸、水蒸、煮制三种工艺。

（1）干蒸饭皮面团

1）工艺流程。

洗米→泡米→沥水→蒸制→加入辅料，搅拌、搓擦→成团。

2）调制方法。

将米淘洗干净，加水浸泡1～2小时，沥干水分，放入垫有屉布的蒸笼，蒸制成熟，趁热加入辅料，搅拌、搓擦均匀即可。

3）技术要领。

①泡米时间要适当。时间过长，易造成米粒蒸熟后过于软糯；时间过短，易造成米粒过硬、夹生、糯性不足。泡米时间通常根据具体品种要求而定，一般为1～2小时。

②蒸制过程中适当淋水，淋水量和次数根据品种要求、泡米时间而定。

③辅料要趁热加入，易于与米粒混合均匀。

④搓擦饭皮时适当蘸凉水，以免烫伤。

（2）水蒸饭皮面团

1）工艺流程。

洗米→加水→蒸制→加入辅料，搅拌、搓擦→成团。

2）调制方法。

将米淘洗干净，放入盆（米屉）内，加水蒸熟，趁热加入辅料，搅拌、搓擦均匀即可。

3）技术要领。

①控制加水量。根据制品要求、米的种类而定，一般糯米加水量小，粳米、籼米要适当多加水。

②辅料要趁热加入，易于与米粒混合均匀。

③搓擦饭皮时适当蘸凉水，以免烫伤。

（3）煮制饭皮面团

1）工艺流程。

洗米→煮制→成品。

2）调制方法。

将米洗净，倒入锅中，加水煮至八九成熟，捞出沥水，趁热加入辅料，搅拌均匀即可。

3）技术要领。

①米要沸水下锅，煮至八九成熟。

②尽量沥去水分，以免饭皮过于稀软。

③趁热加入辅料，适度搅拌。

技能巩固

凉糍粑

- **成品特点** 软糯香甜，麻香浓郁。
- **皮坯原料** 糯米 300 克，冷水适量。
- **馅心原料** 豆沙馅 200 克。
- **沾裹原料** 芝麻 200 克。
- **装饰原料** 胭脂糖 30 克。
- **制作步骤**

1. 按照原料配比准备好所需原料，称量准确。

2. 芝麻放入烤箱烤熟，趁热擀成芝麻碎备用。

3. 糯米淘洗干净，放入盆中加入适量的冷水，水量以刚淹过糯米为宜，放入蒸箱蒸制 25 分钟。

4. 手上包裹干净的毛巾（也可以直接用擀面杖），趁热将糯米捣成茸，边捣边加冷开水。

5. 将糯米饭团放在芝麻碎上擀成长方形，厚度约为 0.3 厘米，尽量擀出四个直角。

6. 将豆沙馅放在保鲜膜上擀成厚约 0.3 厘米的长方形，放在糯米饭团上（占 1/2 的面积）。

7. 将糯米饭团对折，轻轻压实，切成宽 3 厘米的长条，再切成菱形小块。

8. 放入盘中，表面撒上胭脂糖即可。

技术要领

1. 蒸制糯米时注意加水量要适当，水多米饭软烂，不易成形。
2. 糯米也可以采用汗蒸法蒸熟。

二、米粉面团调制

米粉面团是指用米粉与水、辅料调制而成的面团，按性质可分为糕类粉团、团类粉团和发酵粉团三类。

1. 糕类粉团

糕类粉团是指用米粉（粳米粉、籼米粉、糯米粉）加水或糖（糖浆）等调制而成的面团，按性质可分为松质糕粉团和黏质糕粉团两种。

（1）松质糕粉团

松质糕粉团是先成形后成熟的粉团，具有韧性小，质地松软，成品粉糯、香甜、易消化的特点。

1）工艺流程。

配粉→加入水、糖，拌粉→静置→夹粉→成团。

2）调制方法。

根据制品要求，将米粉（粳米粉、籼米粉、糯米粉）按比例掺和后，加入水、糖或糖浆，拌和均匀，静置后夹粉（即将米粉搓散、过筛）即可。

3）技术要领。

①根据米粉种类、配比、含水量及粉质粗细等因素控制好掺水量。

②拌粉时，为使米粉吸水均匀，要边掺水边抄拌。

③静置的时间随制品要求、粉质、季节不同而不同，要让米粉充分吸水。

④静置后的米粉要通过夹粉使米粉吸水均匀，以免面团不易成熟且疏松度不一致。

（2）黏质糕粉团

黏质糕粉团是先成熟后成形的粉团，具有韧性大、黏性大、口感软糯的特点。

1）工艺流程。

配粉→加入水、糖，拌粉→静置→夹粉→蒸制→揉制（搅拌）成团。

2）调制方法。

根据制品要求，将米粉（粳米粉、籼米粉、糯米粉）按比例掺和后，加入水、糖或糖浆，拌和均匀，静置，夹粉后蒸制成熟，再搅拌揉制成团。

3）技术要领。

①糕粉要蒸制成熟，检验方法是用筷子（竹签）插入糕粉中取出，观看筷子（竹签）有无糕粉，无糕粉即为成熟。

②糕粉蒸熟后要趁热搅匀、揉透。

2. 团类粉团

团类粉团是指将米粉（粳米粉、糯米粉）按一定比例掺和后，加水调制而成的面团，按性质可分为生粉团和熟粉团两类。

（1）生粉团

生粉团是先成形后成熟的粉团，成品具有皮薄、馅多、黏糯、滑润的特点。调制方法主要有泡心法和煮芡法两种。

1）工艺流程。

①泡心法：配粉→拌粉→沸水烫制→揉和→冷水调制→揉搓成团。

②煮芡法：准备 1/3 米粉、清水→调和成团→沸水煮制→加剩余 2/3 米粉→揉搓成团。

2）调制方法。

①泡心法：根据制品要求将米粉（粳米粉、糯米粉）按比例掺和，倒入盆中，开窝，浇入占米粉量 20% ~ 25% 的沸水，烫熟部分米粉，然后再加入冷水揉制成团。

②煮芡法：取 1/3 的米粉，加冷水调制成团，按成饼状，投入沸水中煮至成熟，取出后与余下的米粉一起揉搓成团。

3）技术要领。

①泡心法：先沸水烫心，后冷水调制；控制好沸水加入量，加多了面团粘手且易变形，加少了面团易裂口。

②煮芡法：水沸后下入面团，保持“沸而不腾”状态，3 ~ 5 分钟即熟。面团要揉至光滑、不粘手为止。

（2）熟粉团

熟粉团是先成熟后成形的粉团，成品具有软糯、有黏性的特点。

1）工艺流程。

配粉→加入水，拌粉→静置→夹粉→蒸制→揉制（搅拌）成团。

2）调制方法。

根据制品要求，将米粉（粳米粉、糯米粉）按比例掺和后，加入水，拌和均匀，静置，夹粉后蒸制成熟，再搅拌、揉制成团。

3）技术要领。

①米粉要蒸制成熟。

②米粉蒸熟后要趁热搅匀、揉透。

3. 发酵粉团

发酵粉团是指用籼米粉加水、膨松剂，掺入糖、糕肥等辅料调制而成的面团。这类面团具有发酵面团的特征，制品膨大松软、细密多孔，有酒香味。糕肥即发酵过的糕浆，枧水的主要成分为碳酸钾，所起作用同碳酸钠或碳酸氢钠。

（1）工艺流程

准备水和 10% 的籼米粉→蒸（煮）成熟芡→晾凉→加入糕肥、水和剩余 90% 的籼米粉，调搅→发酵→加入糖、泡打粉、枧水，调面→成团。

（2）调制方法

取 10% 的籼米粉，加一倍量的水调成稀糊状，煮或蒸制成熟芡，晾凉后加入余下的籼米粉、糕肥、水调搅均匀，置于温暖处发酵，发酵后加入糖、泡打粉、碱水调搅均匀即成面团。

（3）技术要领

1）糕肥添加量随制品要求、气温变化灵活控制。一般夏季减少，冬季增多。

2）待熟芡晾凉（30 ℃左右）后方可加入糕肥。

3）放置在温暖的环境中发酵，发酵时间一般为冬季 10 ~ 12 小时，夏季 6 ~ 8 小时。

4）发酵结束后方可加入糖、泡打粉、碱水，调搅成团后不宜久放。

技能巩固

 椰蓉糯米糍 

- **成品特点**　软糯香甜，椰香浓郁，老少皆宜。
- **皮坯原料**　糯米粉 500 克，澄粉 100 克，沸水 50 克。
- **馅心原料**　莲蓉馅 200 克。
- **沾裹原料**　椰蓉 100 克。
- **制作步骤**

1. 按照原料配比准备好皮坯和馅心原料。

2. 将糯米粉和澄粉混合均匀放入盆内，加入 50 克沸水，搅拌均匀。再加入凉水，边加边用手抄拌，并不断感觉粉团软硬。

3. 和成光滑细腻的粉团，盖上湿布饧制 10 分钟。

4. 莲蓉馅下成 12 克一个的剂子，揉圆备用。

5. 糯米粉团下成 20 克一个的剂子，包入馅心，揉圆收口，没有缝隙。

6. 将包好馅的糯米粉团放入垫有屉布的蒸笼中，旺火蒸 10 分钟即熟。

7. 将蒸熟的粉团趁热放入椰蓉中，均匀沾满椰蓉。

8. 装盘点缀即可。

技术要领

1. 糯米粉与澄粉的比例适宜，澄粉少制品易变形，澄粉多则制品不黏糯。

2. 调制粉团时热水用量要准确，热水多粉团粘手、不易成形，热水少则粉团松散、包馅容易裂口。

3. 成品蒸好后要趁热沾裹椰蓉。

第六节 其他面团调制

其他面团是指以面粉和米粉以外的其他原料为主要原料所调制的面团，主要包括杂粮面团、薯类面团、澄粉面团、蔬菜类面团、果品类面团、鱼虾茸面团等，其中杂粮面团又分为谷类杂粮面团和豆类杂粮面团，制品具有独特风味和特色。

一、杂粮面团调制

杂粮是指除稻谷、小麦以外的粮食，如玉米、豆类、高粱、小米等。杂粮除富含淀粉和蛋白质外，还含有丰富的维生素、无机盐，营养价值较高。杂粮面团是指用杂粮粉与水、辅料调制而成的面团。

1. 谷类杂粮面团

谷类杂粮面团是指将谷类杂粮单独使用或与面粉、米粉、豆类杂粮粉按比例掺和调制而成的面团。

（1）原料

杂粮粉，温（沸）水，辅料（面粉、米粉、豆粉、糖、膨松剂等）。

（2）工艺流程

准备杂粮粉和辅料→加入温（沸）水→调制成团。

（3）调制方法

根据制品要求，将杂粮粉与相应辅料混合均匀，加入温（沸）水，搅拌均匀，揣、擦成团。

（4）技术要领

1）谷类杂粮粉不含面筋质，调制时加温（沸）水、面粉、米粉有利于成团。

2）将面团揣、擦匀透，使各种原料混合均匀。

3）水温要适当，用料比例要准确。

2. 豆类杂粮面团

豆类杂粮面团是指用各种豆类加工成的粉、泥为主要原料，添加适当辅料调制而成的面团。此类面团无弹性、韧性、延伸性，有一定可塑性，流散性大，常见制品多以豆泥为主要原料。

（1）原料

豆粉 / 泥，辅料（油、糖、琼脂等）。

（2）工艺流程

豆类→煮（蒸）→加入辅料，制泥→调制成团。

（3）调制方法

将豆类煮或蒸制成熟，擦制成泥，熬制豆泥，添加辅料，调制成团。

（4）技术要领

1）煮豆时水要一次加足，如需中途加水，要加热水。

2）控制好火力，以免豆泥熬煳。

3）要将豆泥擦制细腻，去净豆皮，以免影响成品质量。

4）控制好面团软硬度、黏度。

技能巩固

玉米面窝头

● **成品特点** 松软香甜，营养健康。

● **主要原料** 玉米面 500 克，黄豆面 50 克，面粉 100 克，奶粉、酵母 3 克，小苏打 5 克，白糖 30 克，牛奶 200 克。

● **制作步骤**

1. 按照原料配比准备好所需原料。

2. 将玉米面、黄豆面、面粉、奶粉、小苏打一起过筛放在案板上。

3. 将粉料开窝，中间加入酵母、白糖、牛奶和适量的温水搅拌至完全溶化。

4. 抄拌成麦穗状，可再加少许水调节面团的软硬。

5. 将面团揉至光滑，盖上湿布醒发。

6. 将醒发好的面团搓成 2 ~ 5 厘米粗细的长条，采用揪剂的手法下成 20 克一个的剂子。

7. 取一面剂揉光，搓成一头稍粗大的胡萝卜形。

8. 将胡萝卜形面剂放入手心，右手大拇指和食指边转边捏，捏成中空的圆锥形，即成生坯。

9. 将生坯均匀地码放在刷好油的蒸盘内，水沸后蒸制 10 分钟。

10. 装盘点缀即可。

技术要领

1. 掌握好玉米面与面粉的比例，否则不易成团。
2. 面团不宜过软，否则成品容易变形。
3. 生坯摆放时要注意间距。

二、薯类面团调制

薯类面团是指将薯类蒸或煮成熟后加工成泥，趁热加入适量粉料（面粉、米粉、淀粉等）、辅料调制而成的面团。此类面团无弹性、韧性、延伸性，可塑性强，流散性大，成品软糯细腻。

1. 原料

薯类，粉料（面粉、米粉、淀粉等），辅料（油、糖、盐等）。

2. 工艺流程

准备薯类→蒸（煮）→制泥→加入粉料、辅料→调制成团。

3. 调制方法

将薯类去皮，蒸或煮制成熟，压成泥蓉，去筋，根据制品要求和薯类原料的含水量趁热加入适量的粉料、辅料，擦揉均匀即可。

4. 技术要领

（1）薯类蒸（煮）时间不宜过长，蒸熟即可，以免吸水过多，导致泥蓉稀软。

（2）压制泥蓉时，要压细去筋，以免影响成品口感。

（3）控制好掺粉比例，并且要趁热掺入，以利于粉料中的淀粉受热充分糊化，保证面团黏度。

技能巩固

象形雪梨

- **成品特点** 造型逼真，外焦内软，味道鲜美。
- **皮坯原料** 土豆 400 克，糯米粉 100 克，澄粉 50 克，白糖 75 克。
- **馅心原料** 豆沙馅 150 克。
- **沾裹原料** 面包糠 200 克，鸡蛋 1 个。
- **制作步骤**

1. 按照原料配比准备好所需原料，土豆洗净去皮。

2. 去皮土豆切成厚约 0.6 厘米的薄片，放入蒸箱蒸 20 分钟。

3. 趁热将土豆用刀碾成细腻的土豆泥。

4. 将糯米粉、澄粉、白糖加入土豆泥中搓擦成团。

5. 土豆泥搓成长条，下成 20 克一个的剂子，取一面剂按出小坑，包入豆沙馅。

6. 收好口揉圆，用双手捏成一头稍短圆、一头稍细长的梨状，即成生坯。

7. 将梨状生坯沾上蛋液，再放入面包糠中，均匀地裹满整个生坯。

8. 锅内加油烧至四成热，放入生坯炸至表面金黄即可出锅，安上“梨把”进行装盘。

技术要领

1. 土豆要选用黏质土豆。
2. 土豆要蒸熟、蒸透，否则不易碾成土豆泥。
3. 加入糯米粉时土豆泥不宜过热。
4. 生坯底部应平整，否则炸制时生坯易倒，影响成品效果。

三、澄粉面团调制

澄粉面团是指以澄粉为主要原料，加水、辅料（油、糖、盐等）调制而成的面团。此类面团具有良好的可塑性，色泽洁白，成品具有晶莹剔透、细腻柔软、口感嫩滑的特点。

1. 原料

澄粉，沸水，辅料（油、糖、盐等）。

2. 工艺流程

准备澄粉、沸水→烫粉→焖制→加入辅料→调制成团。

3. 调制方法

将澄粉放入盆中，均匀浇入沸水，搅拌均匀，加盖焖制 5 分钟，然后将澄粉倒在抹过油的案板上，添加适量辅料，擦揉均匀。

4. 技术要领

（1）烫面时必须用沸水烫制，并且加盖焖制，以便烫熟、烫透。

（2）控制好加水量，一般澄粉与沸水的比例为 1 ∶ 1.5，水少面团过硬，面团易裂口；水多面团过软，不易成形，且成品形态差。

（3）沸水要一次性浇入，以免造成淀粉糊化不均匀，影响面团性能。

（4）面团要揉匀、揉透，以免夹生。

（5）和好的面团要散去热气，以免面团变得稀软，影响操作和成品口感。

（6）和好的面团要加盖湿布，防止面团风干。

技能巩固

 玲珑南瓜 

成品特点 形似南瓜，口感弹爽，香甜味美。

皮坯原料 澄粉 300 克，生粉 50 克，南瓜粉 30 克，抹茶粉 10 克，盐 5 克，沸水 500 克。

馅心原料 莲蓉馅 100 克。

制作步骤

1. 按照原料配比准备好所需原料。莲蓉馅下成 8 克一个的剂子。

2. 将澄粉、盐和生粉放入料缸内，一次性加入沸水 500 克，迅速搅拌均匀。

3. 将料缸倒扣在案板上焖制 3 ~ 5 分钟。

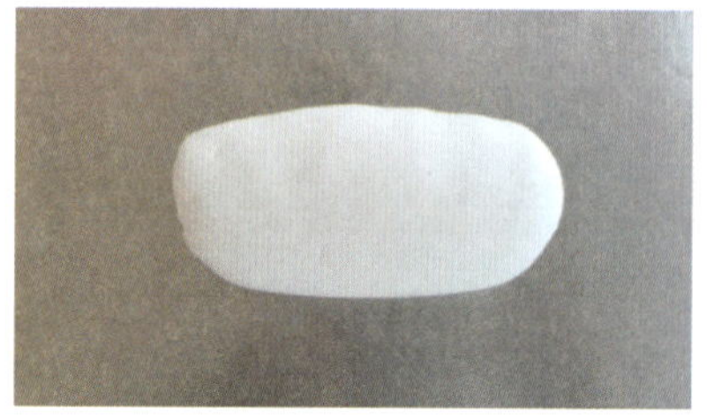

4. 趁热揉成光滑细腻的澄粉面团。

5. 取 800 克澄粉面团加入南瓜粉调成黄色面团备用。

6. 将剩余 50 克澄粉面团加入抹茶粉调成绿色面团备用。

7. 将黄色面团搓成长条，下成 20 克一个的剂子。取一面剂揉圆按扁，包入馅心，包成圆形，用虎口将收口收严，没有缝隙。

8. 用刮板在生坯表面压出南瓜纹路，轻轻按扁，中间粘上绿色面团，做成“蒂部”。

9. 将生坯放入蒸箱中蒸制 10 分钟。

10. 装盘点缀即可。

技术要领

1. 澄粉与生粉的比例要适宜，生粉多，面团弹性大、不易成形。
2. 澄粉与沸水的重量比为 1 ∶ 1.4，体积比为 1 ∶ 1。
3. 澄粉搅拌均匀后要焖制 3 ~ 5 分钟，使淀粉继续糊化。
4. 澄粉焖制后要趁热揉制成团，否则面团弹性大，不易揉制。

四、蔬菜类面团调制

蔬菜类面团是指用根类、茎类、果类、叶类蔬菜加工成泥、蓉、浆、汁、粉，掺入适当的粉料、辅料调制而成的面团。

1. 原料

蔬菜，粉料（面粉、米粉、澄粉、生粉等），辅料（油、糖、盐等）。

2. 工艺流程

准备蔬菜→制成泥、蓉、浆、汁、粉→加入粉料、辅料→调制成团。

3. 调制方法

将蔬菜经初加工后，按制品要求加工成泥、蓉、浆、汁、粉，掺入相应粉料（面粉、米粉、澄粉、生粉等）、辅料（油、糖、盐等）调制成团。

4. 技术要领

（1）选用的蔬菜含水量不宜太多。

（2）蔬菜制泥、蓉时要去筋，以免影响成品口感。

（3）掺粉量按制品要求和蔬菜含水量灵活掌握。

技能巩固

碧玉青菠面

成品特点 色泽碧绿，营养健康，味道鲜美。

主要原料 高筋面粉 500 克，盐 15 克，菠菜 200 克，碱面 1 克，鸡汤 1 000 克，鸡精 2 克，味精 2 克。

制作步骤

1. 按照原料配比准备好所需原料，菠菜洗净去掉老叶、黄叶，控干水分。

2. 锅内加水烧沸下入菠菜，焯至颜色碧绿，捞出放入凉水中过凉。

3. 菠菜剁成泥放入纱布中，挤出菠菜汁，加入少许碱面，保证颜色碧绿。

4. 将面粉与 10 克盐过筛放在案板上开窝。

5. 中间加入 80% 的菠菜汁，抄拌成麦穗状。

6. 再加入 10% ~ 20% 的菠菜汁继续抄拌至软硬合适，揉成面团。

7. 面团揉至光滑细腻，盖上保鲜膜饧制 30 分钟。

8. 将饧好的面团擀成长方形，撒上淀粉，卷到擀面杖上，双手推擀结合，擀成薄片。

9. 将面团擀至 0.2 厘米厚，叠成上窄下宽的梯形。

10. 再切成 0.3 厘米宽、粗细均匀的面条，切制时注意不连刀、不断条。

11. 锅内加水烧至沸腾，下入 50 克切好的面条，水沸后加入适量的凉水继续煮制，点水 2 ~ 3 次即熟。

12. 鸡汤用鸡精、味精调好味，将面条放入其中即可食用。

技术要领

1. 面粉选用高筋面粉，这样面条口感筋道爽滑。

2. 菠菜要事先焯水，以去掉其中的草酸。
3. 菠菜汁内可加少许碱面，以保证翠绿的颜色。
4. 菠菜汁分 2 ~ 3 次加入面粉中，以保证面团的整体性质。
5. 擀制面条时要勤撒干面粉，防止粘连。

五、果品类面团调制

果品类面团是指用水果、干果、糖制果制品加工成的泥、蓉、浆、粉，掺入适当的粉料、辅料调制而成的面团。

1. 原料

果品，粉料（面粉、米粉、澄粉等），辅料（油、糖等）。

2. 工艺流程

准备果品→制成泥、蓉、浆、粉→加入粉料、辅料→调制成团。

3. 调制方法

将果品经初加工后，制成泥、蓉、浆、粉，按制品要求掺入相应粉料（面粉、米粉、澄粉等）、辅料（油、糖等）调制成团。

4. 技术要领

（1）根据果品的不同种类，采用不同的制泥方法，制成的泥、蓉要细腻、无筋。

（2）掺粉量按制品要求和果品含水量灵活掌握。

技能巩固

黄桂柿子饼

成品特点 色泽棕红，香甜可口，风味独特。

皮坯原料 面粉 400 克，柿子 200 克。

馅心原料 核桃仁 200 克，白糖 100 克，糖桂花 50 克，面粉 100 克，糖玫瑰 10 克，冬瓜糖 20 克，青丝 10 克，红丝 10 克。

制作步骤

1. 按照原料配比准备好皮坯原料，面粉选用中筋面粉，柿子选用火晶柿子。

2. 根据配比准备好馅心原料，青、红丝和冬瓜糖切成小颗粒。

3. 面粉过筛放在案板上开窝，柿子去皮碾成泥加入面粉中，和成面团，盖上湿布饧制 15 分钟。

4. 面粉、核桃仁放入 200 ℃的烤箱中烤熟（约烤制 4 分钟）。

5. 核桃仁晾凉后擀成碎粒，熟面粉过筛，筛掉杂质和面粉颗粒。

6. 将所有馅心原料混合到一起，搓擦均匀成团。

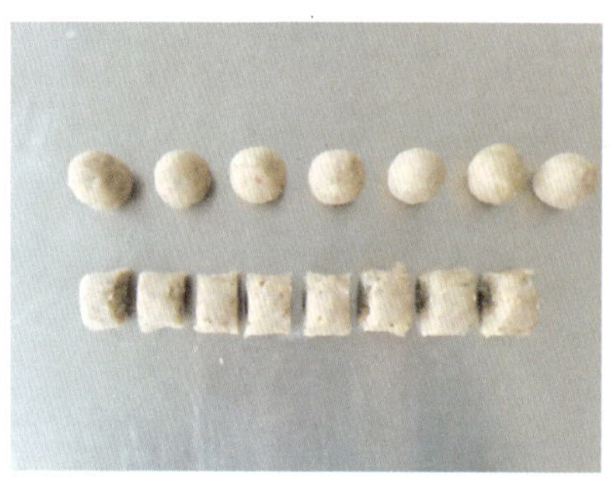

7. 将馅心下成 15 克一个的剂子，揉圆备用。面团搓成长条，下成 20 克一个的剂子。

8. 取一面剂按扁，包入馅心，用虎口将收口收紧，交口向下按成圆饼。

9. 平锅烧热加少许油，下入生坯，小火煎制，防止焦煳。煎至底面金黄后再煎制另外一面，直至两面颜色均匀一致。

10. 出锅装盘即可。

技术要领

1. 柿子要选用火晶柿子，无丝无核、丰腴多汁、皮薄如纸。
2. 和好的面团应较软，可加适量的水调节软硬。
3. 和好的面团应充分饧制，以降低弹性，增加延伸性和可塑性。

六、鱼虾茸面团调制

鱼虾茸面团是指用净鱼、虾肉加工成的茸与调、辅料调制而成的面团。此类面团具有较强的韧性，制品爽滑、鲜嫩，有透明感，营养丰富。

1. 原料

鱼、虾肉，调料（盐、胡椒粉、香油、味精等），辅料（水、生粉等）。

2. 工艺流程

准备鱼、虾肉→制茸→加入调料、辅料，搅打→调制成团。

3. 调制方法

将鱼、虾经初加工，去皮、壳、骨、刺，剁烂成茸，装入盆中，加盐、水（分次加入），顺着一个方向用力搅打至起胶，加入调料、生粉搅拌均匀即可。

4. 技术要领

（1）做好鱼、虾肉的初加工。

（2）搅拌肉茸时要始终顺着一个方向搅拌，以免肉茸松散、不黏。

（3）调制时可加葱姜水、料酒，去除异味。

技能巩固

鱼丝面

成品特点 口感爽滑，色泽洁白，汤鲜味美。

主要原料 草鱼 1 000 克，生菜 200 克，盐 20 克，味精 3 克，鸡精 3 克，胡椒粉 1 克。

制作步骤

1. 按照原料配比准备好所需原料，生菜洗净。

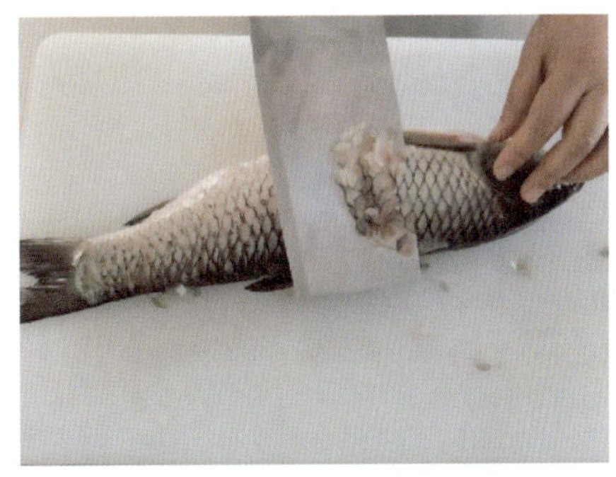

2. 去净鱼鳞，剖开鱼肚，去净草鱼内脏等杂物。

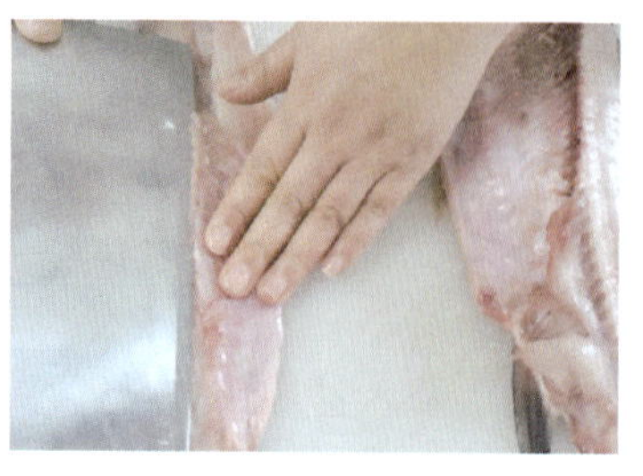

3. 将鱼由尾部片向头部，去掉鱼头和鱼骨，将上下两片鱼肉去掉腹部鱼刺部分。

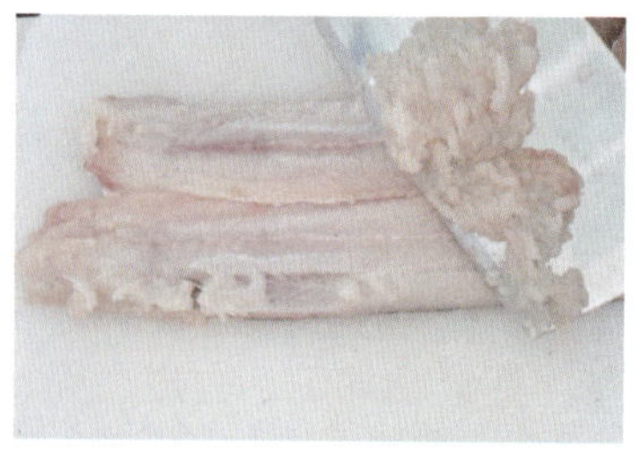

4. 将两片鱼肉依次摆好，一手按住鱼肉，一手拿住菜刀轻轻由左向右将鱼肉一层一层刮起。

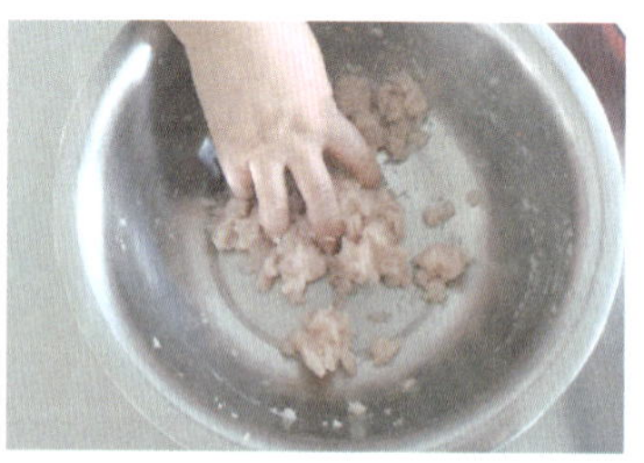

5. 将刮下的鱼茸放入盆内加入少许盐，五指分开用力，顺着一个方向搅拌。

6. 搅拌至鱼茸黏稠。

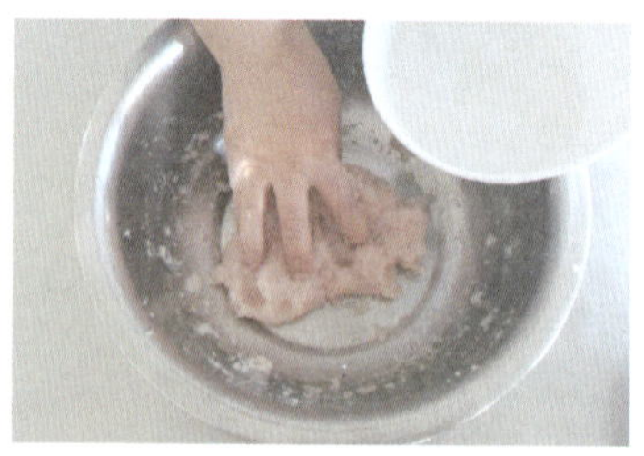

7. 多次少量加水继续搅拌至鱼茸起胶、有弹性。

8. 将搅好的鱼茸放入裱花袋内，挤净裱花袋内空气，并将顶部捏紧，防止鱼茸漏出。

9. 锅内加水烧至 80 ℃，将鱼茸均匀地挤入锅中，煮至浮起，捞出装入碗中。

10. 生菜放入沸水中焯水备用。鱼丝面加入调好味的汤中，再加入焯好的生菜即可。

技术要领

1. 鱼要选用皮薄、肉多、刺少的品种。
2. 加工鱼时不能碰破苦胆，否则鱼肉发苦。
3. 搅打鱼茸时适当加盐可增加鱼茸的弹性和吸水能力。
4. 鱼茸应顺着一个方向搅打。

本章小结

本章主要学习面团的相关概念、分类标准、类别、特点及应用，各类面团的原料配比、工艺流程、调制方法、技术要领。通过本章学习，能够在掌握相关理论知识和实训技能的基础上，独立完成各类面团的调制及相关技能巩固品种的制作，并且具备运用理论知识解决实际问题的能力，同时养成安全、卫生的职业习惯。

思考与练习

1. 如何将新理念、新原料、新工艺等运用到面团调制工艺中，进而对传统面点进行创新?
2. 如何传承传统的面团调制方法?

第六章

馅心制作

学习目标

知识目标：

1. 能理解并正确表述馅心的概念。
2. 能熟知馅心的分类标准、类别、特点。
3. 能归纳总结并熟练表述各类馅心的原料、工艺流程、调制方法、技术要领。

技能目标：

1. 能在教师指导下按技术要求熟练调制各类馅心。
2. 能灵活运用各类馅心的调制要领，发现并解决馅心制作过程中出现的问题。
3. 能独立完成技能巩固品种制作的各工艺环节。

馅心是指各种制馅原料，经过精细加工处理，调味拌制或熟制而成的包入皮坯中的心料，是带馅面点的重要组成部分。馅心制作是面点制作工艺中十分重要的环节，对专业知识和技能的要求很高，与制品的成品质量关系密切。馅心可以体现面点制品的口味，影响面点的形态，丰富面点的品种，形成面点的特色，调节面点制品的色泽，决定面点的销售价格。

馅心种类繁多、口味多样、花色不一、风格各异，主要是从口味、原料、制作方法三个方面进行分类，按口味可分为甜馅、咸馅和甜咸馅三大类；按原料可分为荤馅、素馅和荤素馅三大类；按调制方法可分为生馅、熟馅和生熟馅三大类。

面点根据分类方法不同，有无馅和有馅之分。根据有馅面点品种的包馅比例（即皮重与馅重之间的比例关系），在行业中常将其分为轻馅品种（皮料占 60% ~ 90%，馅料占 10% ~ 40%）、重馅品种（皮料占 20% ~ 40%，馅料占 60% ~ 80%）、半皮半馅品种（皮料占 50% ~ 60%，馅料占 40% ~ 50%）三种类型。

第一节 咸馅制作

咸馅是指以畜肉、禽肉、水产、蔬菜及豆制品为主要原料，经调味、拌制或烹制而成的各种以咸鲜味为主的馅料的总称。在面点馅心中，咸馅的用料最广、种类最多，也是使用最普遍、最广泛的一种馅心。

一、素馅制作

素馅是指以各种新鲜、干制或腌制的蔬菜为主要原料调制而成的馅心，按调制方法可分为生素馅和熟素馅。

1. 生素馅制作

生素馅是指多选用叶菜、茎菜、花菜等新鲜蔬菜制作的咸馅。一般是先将新鲜蔬菜择洗加工成小料，然后经腌、渍、调味拌制而成，如白菜馅、韭菜馅、萝卜丝馅等，其特点是能够较多地保持原料固有的香味与营养成分，口味鲜嫩、爽口、清香，适用于包制水饺、包子等。

（1）原料

蔬菜，辅料，调味料。

（2）工艺流程

选料→初加工→刀工处理→去异味→去水分→调味→成馅。

（3）制作工艺

1）选料。选择新鲜蔬菜。

2）初加工。去黄叶，刮削整理，洗涤干净。

3）刀工处理。用蔬菜做馅心一般都需加工成丁、丝、粒、米、泥、蓉等形状。蔬菜的脆性较强，含水量较大，在制作过程中要求切要切细、剁要剁匀，整体大小要一致，尤其是丝，最好用擦刀擦制，这样会比较柔软，便于包捏。

4）去除异味。用蔬菜做馅往往会在馅中残留少量的异味，在调制前必须采用相应的措施去除异味。常见去除异味的方法是漂洗和焯水，有些原料还要采用蒸制的方法才可以去除异味，如萝卜、油菜、芹菜等均含有苦涩的挥发油，在烹调时就要焯水处理，去除异味。焯水一般在刀工处理之前，这样可以尽可能地减少营养的流失。

有些原料如雪里蕻、芥菜等含有大量的芥子苷，具有冲鼻的苦辣味，需要盐渍，使芥子苷水解成具有特殊香味的芥子油，才能制作馅心。

5）去除多余水分。蔬菜的含水量较大，若直接使用，会因大量水分溢出，而不利于面点制品的成形和成熟。因此在制馅时一定要将多余的水分去除。也有些原料水分含量相对较少，在制作馅心时不需要采取去除水分的处理，如韭菜，因为不需要去水处理，所以在制作馅心时一般最后加入，而且在加入之前最好先与油脂拌和均匀，在原料表面形成一层油膜，能够起到防止水分大量渗出的作用。

去除蔬菜水分通常有四种方法：挤压法、加热法、加盐法和干料吸水法。有些原料水分含量较多，经过挤压即可去除多余水分，挤压的方法可根据刀工处理的结果而定，细丝可直接用手挤压水分，细丁或末可用纱布包裹挤压水分。有些原料的水分不易直接挤出，可采用其他方法，加热法一般多利用焯水来实现；加盐法是利用盐的渗透作用使原料内的水分大量析出，然后再挤压水分；干料吸水法是在馅心内掺入适量的干性原料（如粉条、豆腐干、麻叶等），既达到吸水的目的，又使馅心具有特色。在制馅时一般是干料吸水法与其他方法一同使用。

6）调味。将调味料与制馅原料拌和均匀即可。调味品的加入顺序要根据其自身特点以及制馅原料的性质而定，一般原则为先加油后加盐，可减少甚至避免蔬菜中水分外溢；味精、香油等鲜味调料应最后加入，可避免鲜味挥发损失；拌好的馅心放置时间不宜过长，以免蔬菜水分外溢，最好随调随用。

2. 熟素馅制作

熟素馅是以干制菜、腌制菜及豆制品为主要原料，经泡、洗及刀工处理后，烹制而成的一种咸馅，如素什锦馅、素蟹粉馅、雪菜香干馅等，其特点是松软、肥嫩、鲜香。

（1）原料

蔬菜，辅料，调味料。

（2）工艺流程

选料→初加工→刀工处理→烹制调味→成馅。

（3）制作工艺

1）选料。选择无虫蛀、无霉变、无杂质，具有其本身固有的质地、色泽、气味的原料，豆制品选择水分含量少的。

2）加工处理。腌制菜要根据其盐分含量或酸度适当浸泡，并适时换水。干制菜需经泡发使其吸收水分回软，泡发时所需水温和时间根据原料性质而定。形态细小、质地较软的原料用冷水或温水短时间泡发即可，如黄花菜、木耳等；形态较大、质地较硬的原料用热水泡发。将浸泡（发）的原料择洗干净，按馅料要求加工成丝、丁、粒等，规格要一致，以便于入味。

3）烹制调味。操作时主要有两种方法：一是用辅料炝锅，下主、配料煸炒，调味即成，根据馅料要求可勾芡；二是将辅料、调料烹制成卤汁，勾芡收浓，倒入加工好的熟馅料中拌匀即可。

技能巩固

香菇青菜饺

成品特点 营养均衡，皮面筋道爽滑，馅心鲜嫩多汁。

皮坯原料 高筋面粉 200 克，盐 2 克，清水 100 克。

馅心原料 香菇 100 克，上海青 200 克，盐 2 克，麻油 3 克，十三香 2 克，味精 2 克。

制作步骤

1. 按照原料配比准备好皮坯原料和馅心原料，面粉选用高筋面粉。

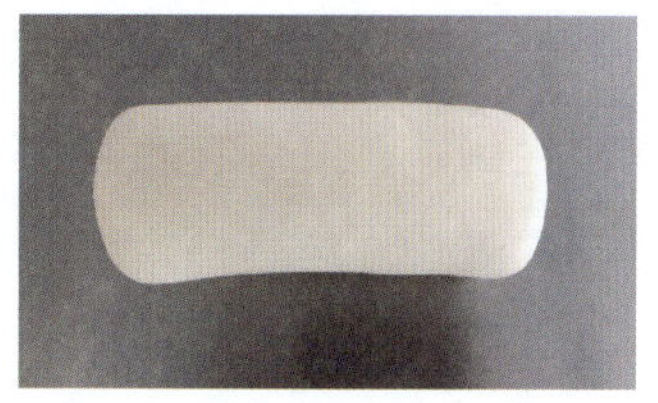

2. 将过筛的面粉和盐混合后，分次掺入水，调制成光滑的面团，盖上湿布饧制10分钟左右。

3. 将香菇焯熟后过凉水，挤去多余水分，切成小丁。上海青快速焯水，沥干水分后剁成末。

4. 将青菜末再次攥干水分，与香菇丁混合均匀，加入调味料调味。

5. 将饧制好的面团搓成均匀的长条，下成约5克一个的剂子，擀成中间稍厚、四周略薄的圆片，填入适量的馅心。

6. 将面皮边缘放置在左手食指上，双手抱拢，两个拇指向下边压边挤，即为生坯。

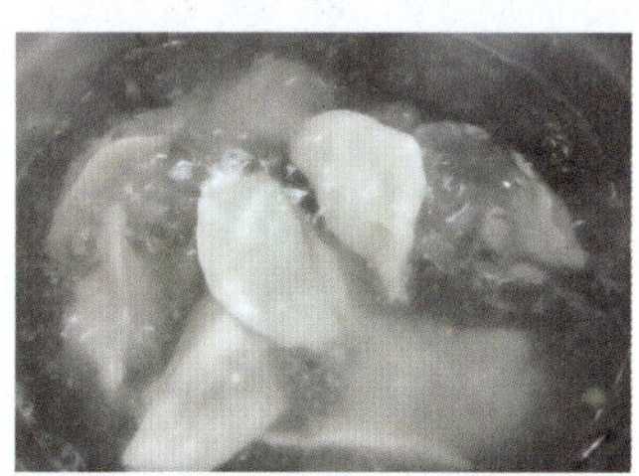

7. 锅中加六成水，烧至沸腾后下入生坯，煮制约5分钟。

8. 将煮好的水饺过凉水，进行装盘点缀，即完成香菇青菜饺的制作。

技术要领

1. 香菇要完全焯熟，挤干水分后再切成小丁。

2. 青菜在焯水时，可在水中加入适量的植物油，以使青菜保持翠绿。

3. 青菜在剁成末后要再次攥出水分，水分太多，馅心较松散，不易包制。

4. 煮制时水面要保持“沸而不腾”状态，沸腾时需要点凉水，否则水饺容易破皮。

技能巩固

八宝素包

成品特点 味道鲜美，洁白松软。

皮坯原料 低筋面粉 200 克，酵母 3 克，白糖 10 克，清水 120 克。

馅心原料 冬笋 50 克，胡萝卜 50 克，豆腐 50 克，黑木耳 20 克，粉丝 30 克，葱花适量，榨菜 30 克，橄榄菜 30 克，酱油 1 克，麻油 5 克，盐 3 克，糖 5 克，十三香 2 克，植物油 20 克。

制作步骤

1. 按照原料配比准备好所需原料，面粉选用低筋面粉，将粉丝和木耳提前进行泡发。

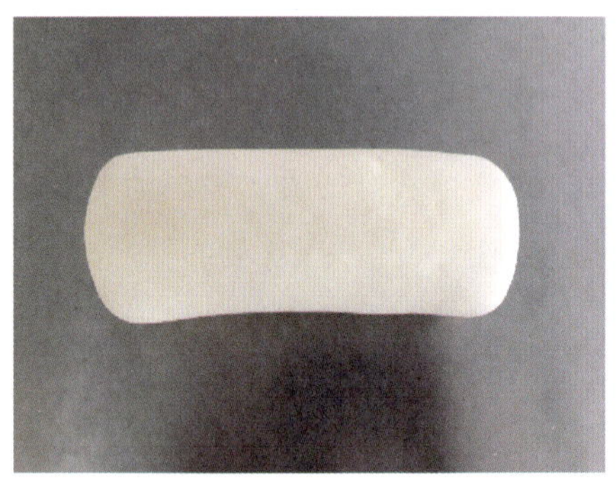

2. 将过筛的面粉、白糖和酵母混合后开窝，分次掺入水，调制成光滑的面团，盖上湿布饧制 10 分钟左右。

3. 将胡萝卜、冬笋切成绿豆粒大小的颗粒，泡发好的粉丝切成小段，木耳切碎，豆腐焯水后切成玉米粒大小的颗粒。

4. 锅洗净加热，倒入少许油，将葱花炒香后，加入豆腐丁炒至微微发黄，加入胡萝卜丁、冬笋丁、木耳碎、粉丝和调味料。

5. 待胡萝卜微微变软后，加入榨菜碎和橄榄菜，稍做翻炒后出锅。将馅料装入盘中，稍做冷却。

6. 将饧好的面团搓成均匀的长条，下成约 25 克一个的剂子，擀成中间稍厚、四周稍薄的圆皮。

7. 取一圆皮包入馅心，采用提摺捏的手法包成包子生坯。

8. 将生坯放入发酵箱醒发至体积约大一倍后，放入蒸箱蒸制 8 分钟。

技术要领

1. 原料切配时尽量切小、切碎，否则不易包制。
2. 豆腐要炒至上色后再加入其他原料。

3. 榨菜和橄榄菜最后加入后，只需稍做翻炒即可出锅。

4. 素包中尽量选择不易出水的植物性原料。

5. 馅心中榨菜和橄榄菜都有咸味，要注意盐的用量。

二、荤馅制作

荤馅是指以畜、禽、水产品等为主要原料，经刀工处理、调味、拌制或烹制而成的馅心，按调制方法可分为生荤馅和熟荤馅。

1. 生荤馅制作

生荤馅是指用鲜肉或水产品经过刀工处理后，拌制而成的一种咸馅，馅心具有肉质细嫩、咸鲜适口的特点，如鲜肉馅、水打馅、灌汤馅等。

（1）原料

肉类，辅料，调料。

（2）工艺流程

选料→刀工处理→调味→加水或掺冻→成馅。

（3）制作工艺

1）选料。选料要选择肉质鲜嫩、无骨少筋、肥瘦相间、吸水性强的肉品，如猪肉最好选用有肥有瘦、肉质细嫩的前夹心肉，鸡、鸭类以脯部肉为好，羊肉以软肋为佳，肉质较老的部位不可用来制馅。同时要注意肉的肥瘦比例，一般肥瘦比例为3∶7或4∶6。肥肉多则馅心难以包制，影响成形和成熟，同时吃口过于油腻；瘦肉多则馅心干燥，吃口不香，无回味。

2）刀工处理。将选好的肉类原料洗净、去皮，用刀剁成碎粒或末、茸。

3）调味。生荤馅的口味主要是咸鲜味，常用的调味料有盐、糖、料酒、酱油、胡椒粉、香油、味精、葱、姜等。添加调味料时要注意先后顺序，一般应先加盐、酱油、姜搅拌均匀，待使用时再加其余调料。盐在制作生荤馅时不仅可以调味，而且可以增加馅心的鲜嫩度。

4）加水。动物肉类吃水性很强，肉末颗粒质地黏重，为使其细嫩多汁，就必须加入适量的水。加水又称打水、吃水，是指将清水、肉汤等通过搅打使之渗入肉馅中，如此制作的生肉馅称为水打馅。根据肉的种类和馅心品质不同，可加入葱姜水、香料水或肉汤，肉汤一般选择鸡汤、骨汤、清汤等。

加水时应顺着一个方向搅拌，以免馅心发澥、吐水。加水的多少是关键，水少不嫩，水多则澥，都不符合要求。加水量应视肉的肥瘦质量而定，肉料脂肪含量高，可少加水，脂肪含量少，可多加水。以猪肉为例，一般前夹心肉吃水较多，每500克肉吃水150 ~ 200毫升左右；五花肉吃水较少，每500克肉吃水75 ~ 100毫升左右。

5）掺冻。为了增加馅心卤汁，使其味道更加鲜美，除了加水外，往往还要掺入适量皮冻，加热溶化后可增加肉馅的鲜嫩度。皮冻一般用猪肉皮熬制而成。馅心的掺冻量要根据面点制品皮坯性质和对馅心鲜嫩度的要求而定，一般组织紧密的皮坯，掺冻量多一些，如水调面团、嫩酵面团，而用组织膨松的大酵面做皮坯时，因馅心卤汁易被皮坯吸收，所以掺冻量要少一些。

2. 熟荤馅制作

熟荤馅是以畜、禽、水产品等动物性原料为主料，配以少量的植物性原料，经刀工处理后，烹制而成的一种咸馅。馅心具有卤汁浓厚、油重、味鲜、爽口、松散的特点，常用于花色蒸饺、油酥制品、发酵制品的制作。

（1）原料

肉类，植物性辅料，调料。

（2）工艺流程

选料→刀工处理→烹制调味→成馅。

（3）制作工艺

1）选料。熟荤馅的主料选择分生、熟两种情况。选择生料时，畜、禽等原料除新鲜外，还需根据馅心要求选择合适的部位；水产品以鲜活为好。熟料多选用有一定特色的成品料，如叉烧肉、火腿等。为调节口味，通常搭配少许植物性原料，如笋、香菇、茭白等。

2）初步熟处理。有些熟荤馅原料在刀工处理前要经过焯水处理，不同的肉类应选择不同的焯水方法。有些肉类原料血污多、腥臊味重，如牛肉、羊肉等，适用于冷水下锅，如果热水下锅，其表面的蛋白质会因受高热而变性收缩，使内部的血污和腥臊气味不容易排出。有些肉类的腥味小、血污少，可采用热水下锅的方法。

3）刀工处理。一般将原料加工成丁、丝、粒、末等形状，根据原料质地不同，刀工处理后的形状、大小也应不同，以便熟制后规格一致。

4）烹制调味。生料烹调时，要根据原料的质地老嫩、形状大小、成熟先后等因素，依次加入，以便所有原料成熟一致。成馅前，多需勾芡，以使馅心入味、增加黏性、便于成形。熟料制馅时，多采用拌芡的方法，即将烹制入味的熟芡趁热倒入切配好的熟料中，拌制成馅。

技能巩固

牛肉馄饨

成品特点 浓香味美，营养十足。

皮坯原料 低筋面粉 200 克，冷水 100 克，盐 2 克。

馅心原料 牛里脊 200 克，酱油 2 克，香油 5 克，盐 3 克，十三香 3 克，味精 2 克，葱花适量，姜末适量，虾米、紫菜、白胡椒粉适量。

制作步骤

1. 按照原料配比准备好所需原料，面粉选用低筋面粉。

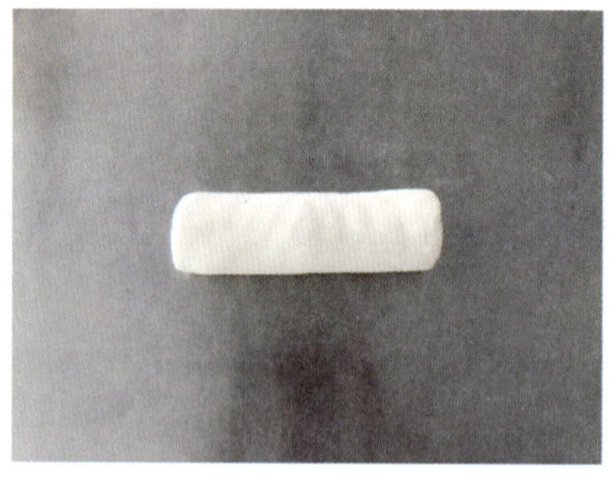

2. 将过筛的面粉和盐混合后，分次掺入水，调制成光滑的面团，盖上湿布饧制 10 分钟左右。

3. 将牛里脊、葱和姜末在案板上反复剁碎。

4. 牛肉放置盆中，少量多次打入清水，按照一个方向搅打，直至肉馅变黏、上劲后，加入调味料。

5. 将饧好的面团，擀成厚约 1 毫米的薄片。

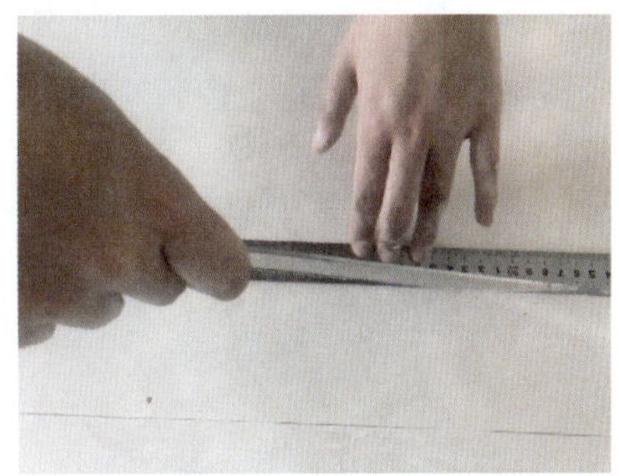

6. 用刀修整边缘后，切成宽约 8 厘米的长条。

7. 将长条切成等腰梯形，梯形的上底和下底分别约为 1.5 厘米和 8 厘米。

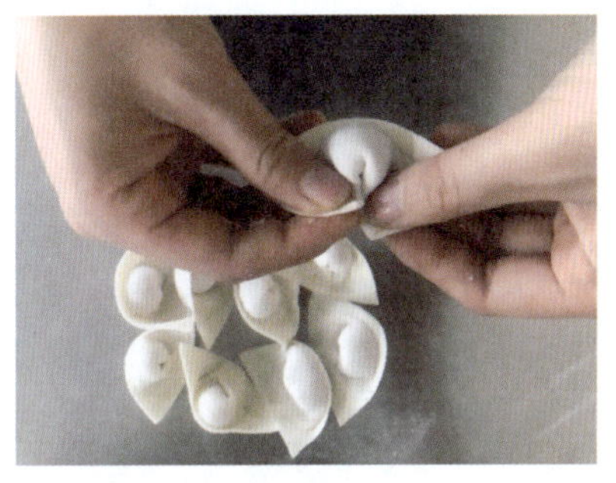

8. 将馅心放于皮的顶部后，卷至距离底部约 1 厘米位置，中指向上顶住馅心，将两个角上下重叠后捏住，即为生坯。

9. 锅中加六成水，烧至沸腾后下入生坯，煮制约 5 分钟。

10. 在碗底放入虾米、紫菜、白胡椒粉、盐和香油，将馄饨盛入，撒上葱花，即完成牛肉馄饨的制作。

技术要领

1. 牛肉要剁碎，水要少量多次打入。
2. 搅打时要顺着一个方向，否则馅心不易上劲。
3. 馄饨皮要擀匀、擀薄，擀制时用力均匀，勤撒干面粉。

4. 包制时要将两边捏紧，否则煮制时容易露馅。

5. 煮制时要水沸后才能下入生坯，并且要点凉水，防止馄饨煮破。

技能巩固

咖喱酥饺

成品特点 口感丰富，咖喱味浓。

皮坯原料 低筋面粉 300 克，沸水 160 克，冷水 40 克，盐适量。

馅心原料 猪肉馅 200 克，洋葱 20 克，咖喱 20 克，白糖 5 克，盐 2 克，生粉适量，植物油适量。

制作步骤

1. 按照原料配比准备好所需原料，面粉选用低筋面粉。

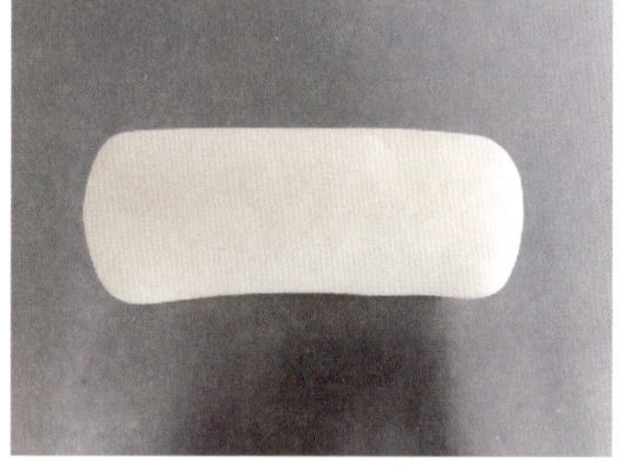

2. 将过筛的面粉和盐混合，倒入适量的沸水，基本搅拌均匀后再加入少量的冷水，调制成光滑的面团，散尽热气后盖上湿布饧制 10 分钟左右。

3. 锅洗净烧热后加入少量的油，下入洋葱炒出香味。

4. 洋葱炒香后，加入猪肉馅，炒至肉馅松散、颜色变白。

5. 加少许水放入咖喱块，大火煮至沸腾后，加入适量的水淀粉，小火进行收汁。

6. 收好汁后加入糖、盐等调味料进行调味，最后盛入碗中稍做冷却。

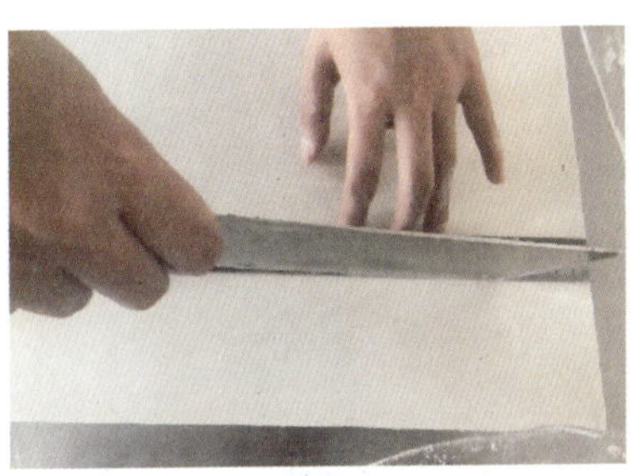

7. 将饧好的面团擀成厚约 1 毫米的薄片，用刀切成边长约 8 厘米的正方形。

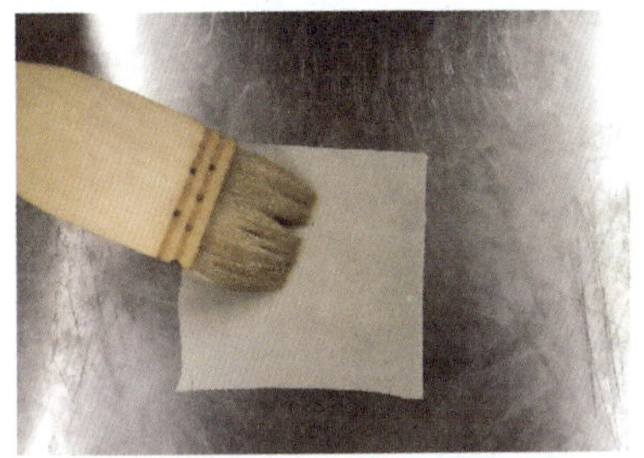

8. 抖去面片上的面粉，刷上薄薄一层蛋液。

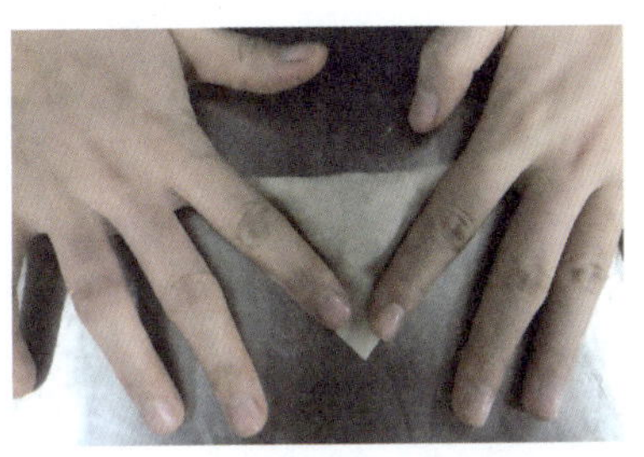

9. 将馅心填入面片中间，沿着对角线对折，用拇指将边缘压实。

10. 提起两角向中间对折后，再向外对折一次，即为生坯。

11. 油温四成热时下入生坯，炸至两面金黄后捞出沥油。

12. 将成品进行最后的点缀装盘，即完成咖喱酥饺的制作。

技术要领

1. 猪肉馅选择三成肥、七成瘦。
2. 由于猪肉馅炒后较散，所以在制作时必须勾芡，否则馅心松散，不易包制。
3. 勾芡收汁时要用小火，将汤汁完全收完。
4. 包制时需要刷蛋液，否则炸制时容易露馅。

三、荤素馅制作

荤素馅是指以肉类和蔬菜为主要原料，经加工处理后，按比例调制而成的馅心，按调制方法可分为生荤素馅和熟荤素馅。

1. 生荤素馅制作

生荤素馅是以鲜肉馅为基础，加蔬菜原料拌制而成的生咸馅。此类馅心荤素搭配、营养合理、口味协调，使用较为广泛。

（1）原料

肉类，蔬菜，调料。

（2）工艺流程

选料→加工处理→调味→成馅。

（3）制作工艺

1）选料。按生素馅、生荤馅的选料标准进行选择。

2）加工处理。将动、植物性原料按馅心要求进行初加工处理，加工成丝、丁、粒、末等形状。

3）调味拌制。首先将肉类原料按生荤馅调味要求调制成馅，然后将加工后的蔬菜原料掺入肉馅中，搅拌均匀即可。

4）荤素比例。生荤素馅是以荤馅为基础调制而成的馅心，所以蔬菜的添加比例不得超过肉类原料，具体比例要根据制品要求灵活掌握。

2. 熟荤素馅制作

熟荤素馅是以肉类和蔬菜为主要原料，经刀工处理、烹制调味而成的一种咸馅。熟荤素馅一般是用生的蔬菜与熟肉配合而成，其特点为色泽自然、荤素搭配、香醇细嫩，如芽菜肉馅、冬菜肉馅、梅干菜肉馅等。

（1）原料

肉类，蔬菜，调料。

（2）工艺流程

选料→加工处理→烹制调味→成馅。

（3）制作工艺

1）选料。按熟荤馅、熟素馅的选料标准进行选择。

2）加工处理。将动、植物性原料按馅心要求加工成丝、丁、粒、末等形状，干制或腌制菜要泡发、择洗后再加工成所需形状。

3）烹制调味。根据馅心的特点，灵活选用烹调方法。

技能巩固

香菇鲜肉包

成品特点 鲜香可口，鲜嫩多汁。

皮坯原料 低筋面粉 200 克，酵母 3 克，白糖 10 克，清水 125 克。

馅心原料 猪肉馅 200 克，香菇 50 克，大葱 40 克，香油 5 克，酱油 2 克，味精 2 克，生抽 2 克，白胡椒粉 2 克，盐 3 克。

制作步骤

1. 按照原料配比准备好所需原料，面粉选用低筋面粉，香菇切成小丁。

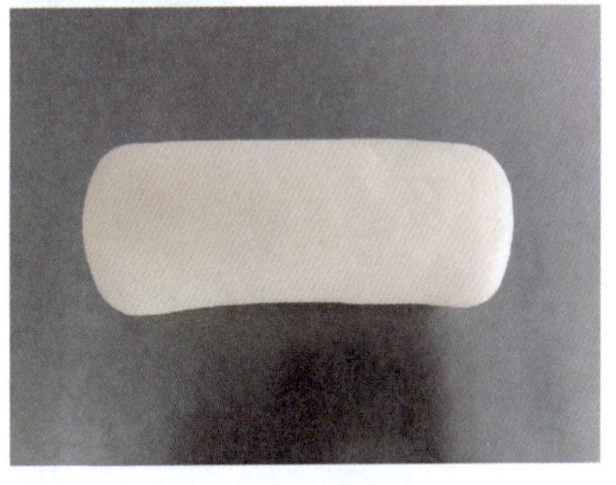

2. 将过筛的面粉开窝，中间加入白糖和酵母，分多次掺入水，调制成光滑的面团，盖上湿布饧制 10 分钟左右。

3. 将猪肉馅放置盆中，少量多次打入清水，按照一个方向搅打，直至肉馅变黏、上劲后，加入香菇丁搅拌均匀并加入调味料调味。

4. 将饧好的面团搓成均匀的长条，下成约 25 克一个的剂子。

5. 将剂子擀成中间稍厚、边缘稍薄的圆皮。

6. 馅心填入圆皮中间，采用提褶捏的技法，将馅心完全包裹住，即为生坯。

7. 将生坯放入发酵箱醒发至体积约大一倍后，放入蒸箱蒸制 8 分钟。

8. 将成品进行最后的点缀装盘，即完成香菇鲜肉包的制作。

技术要领

1. 肉馅打水时要分次少量打入，否则肉馅易出水。
2. 肉馅搅打时要顺着一个方向，否则不易搅打上劲。

3. 剂子要擀成中间稍厚、边缘稍薄的圆皮。

4. 蒸制完成后，待蒸箱热气散尽后再取出生坯，否则天气较冷时制品表皮会回缩。

技能巩固

三丝春卷

成品特点 外酥里嫩，鲜香味美。

主要原料 春卷皮适量，猪里脊肉 150 克，胡萝卜 50 克，冬笋 50 克，十三香 2 克，白糖 2 克，盐 2 克，酱油 1 克，植物油 500 克，水淀粉适量。

制作步骤

1. 按照原料配比准备好所需原料。

2. 将猪里脊、胡萝卜和冬笋切成长约 5 厘米的丝。

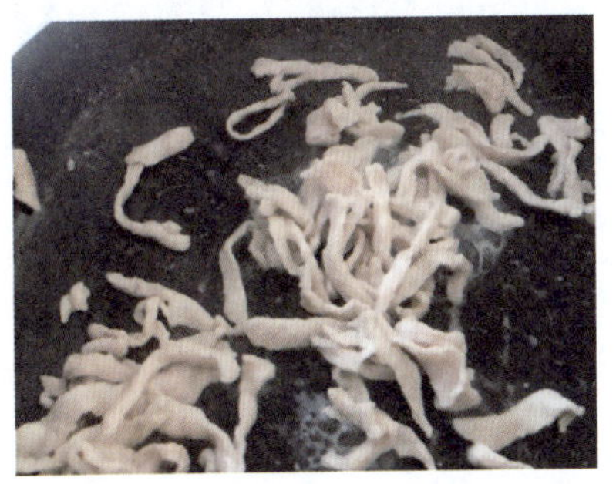

3. 将锅烧热，加入少量的油，待油温稍热后放入肉丝，炒至发白后加入胡萝卜丝和冬笋丝。

4. 将胡萝卜炒软后，加入水淀粉，用调味料调味。

5. 翻炒至馅心变黏稠、无多余汤汁后盛出备用。

6. 取一片春卷皮，将适量馅心放在春卷皮上方，由上至下卷制。

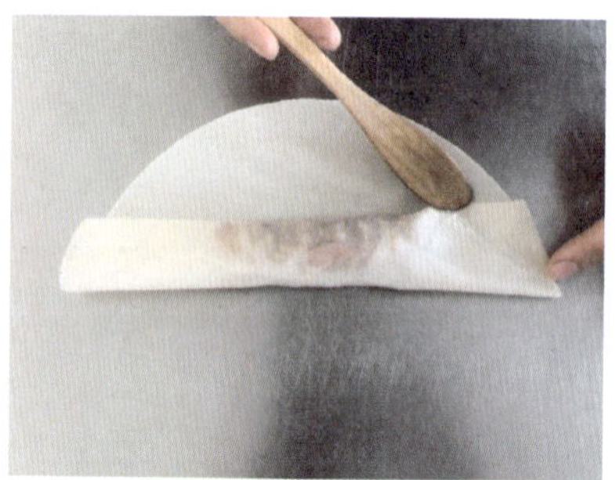

7. 卷至一半时，在两边和底部抹上适量的面糊。

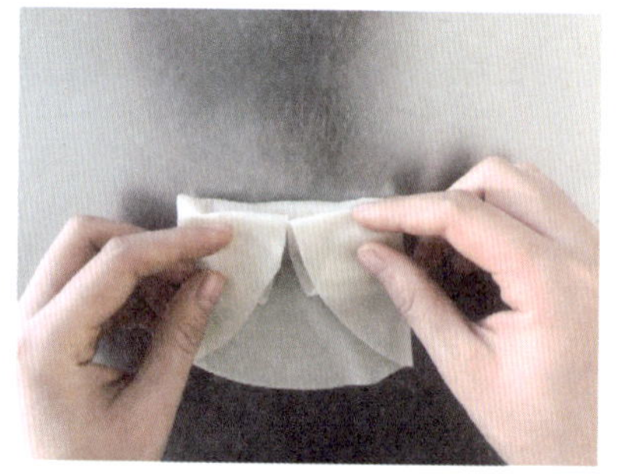

8. 将两边向中间对折，继续卷制成圆筒状，即为生坯。

9. 油温五成热时下入生坯，炸至两面金黄后捞出沥油。

10. 将成品进行点缀装盘，即完成三丝春卷的制作。

技术要领

1. 切配时，原料的长短、粗细需一致。
2. 应选择里脊肉，肉质较好，切丝后可以稍裹一些淀粉，炒制后肉质可以保持嫩度。
3. 包制时可抹面糊粘合，也可以刷蛋清粘合，否则炸制时容易散开。
4. 炸制微黄后捞出，沥油后进行复炸，这样成品更加酥脆。
5. 炸制时注意油温不可太高，否则上色过快，容易焦煳。

第二节 甜馅制作

甜馅是指以糖为基本原料，配以干果、豆类、果仁蜜饯、鲜果、花卉等原料，辅以适量油脂和粉料调制而成的各种甜味馅料的总称。

一、甜馅构成

甜馅的制作，在原料选择、制作方法、花色品种、口味特点等方面各地均有不同，但一般是以糖、油脂、粉料及辅料为主要原料。

1. 糖

糖是甜馅的基本原料，既可以单独成馅，也可以与其他制馅原料配合，调制不同风味的甜馅。

糖在甜馅中主要起三方面作用：一是确定馅心的基本味；二是增加制品甜味；三是增强馅料之间的黏结性，便于成团。

调制甜馅时，应根据馅心的口味和工艺要求，灵活选择用糖，常用的主要有白砂糖、绵白糖、红糖、糖粉、冰糖、饴糖等。

2. 油脂

油脂在甜馅中主要起以下三方面作用：一是滋润馅料，改善口感；二是油脂中所含的磷脂、必需脂肪酸、甾醇、维生素、酚类化合物等可以增加馅心的营养和香味；

三是降低物料黏着性，便于工艺操作。调制甜馅常用的油脂主要有猪油、花生油、芝麻油等。

3. 粉料

调制甜馅时，使用的粉料主要是面粉和糕粉。添加粉料主要是为了避免糖受热溶化后成流体状，进而防止制品穿底、漏糖。

掺粉料时要注意以下两点：一是面粉熟制处理，可通过蒸、烤或炒制成熟，使面粉中的蛋白质、淀粉受热成熟，避免在馅心调制时生筋，影响口感；二是掌握糖与粉料的比例，一般为糖：粉 =1 ：0.5，粉少易流糖，粉多馅心易干燥，操作中掺粉量应视馅心品种而定。

4. 辅料

甜馅中的辅料主要是各种果料、肉料、调味料等，对馅心的风味起主导作用，并对馅心调制、制品成形、成熟有较大影响。

辅料在加工处理时形状以细小为主，对突出风味和口感的辅料，在不影响制品成形、成熟的前提下，形状可稍大；处于次要地位的辅料，在不影响工艺、不混淆口味的前提下加工。

甜馅按原料性质和制作特点可分为糖馅、泥蓉馅、果仁蜜饯馅、鲜果花卉馅、糖油蛋（糠）馅等。

二、糖馅制作

糖馅是以糖为主料，通过掺粉，加油脂和调、辅料调制而成的一种甜馅，常见的有水晶馅、玫瑰馅等。

1. 原料

糖，粉料（面粉、糕粉），油脂，辅料。

2. 工艺流程

选料→加工→添加辅料→拌制→成馅。

3. 制作工艺

（1）选料

根据馅心特点灵活选择原料，如糖可选择白砂糖、绵白糖、红糖、冰糖、饴糖等；

粉料大都为面粉、米粉，面粉以熟粉为好，所掺生粉多选择低筋面粉；依馅心的风味特色，添加猪板油、熟猪油、香油等；调、辅料多选择具有特殊香味的原料，如麻仁、桂花酱、玫瑰酱或香精、香料等。

（2）加工

糖搓散或擀碎，粉料熟制，猪板油去脂膜、切丁，果仁熟制后擀压成颗粒。

（3）添加辅料

糖、油、粉为基础原料，按馅心特点确定配比，调、辅料添加适度，多放反而适得其反。

（4）拌制

糖、粉混合均匀，中间开窝，加油脂和调、辅料搅拌后，擦搓均匀即可。

技能巩固

糖三角

- **成品特点** 口感暄软，甜香四溢。
- **皮坯原料** 低筋面粉 200 克，酵母 3 克，白糖 10 克，清水 100 克。
- **馅心原料** 白糖 100 克，低筋面粉 25 克。
- **制作步骤**

1. 按照原料配比准备好所需原料，面粉选用低筋面粉。

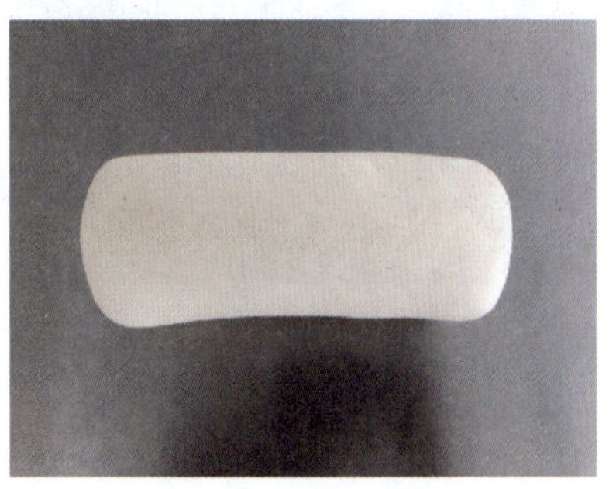

2. 将过筛的面粉、白糖和酵母混合后开窝，分次掺入水，调制成光滑的面团，盖上湿布饧制 10 分钟左右。

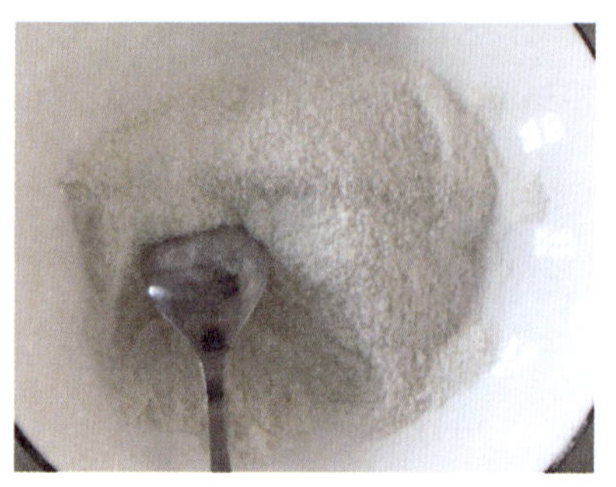

3. 将面粉过筛，取出 25 克面粉，与 100 克白糖混合均匀，即为馅心。

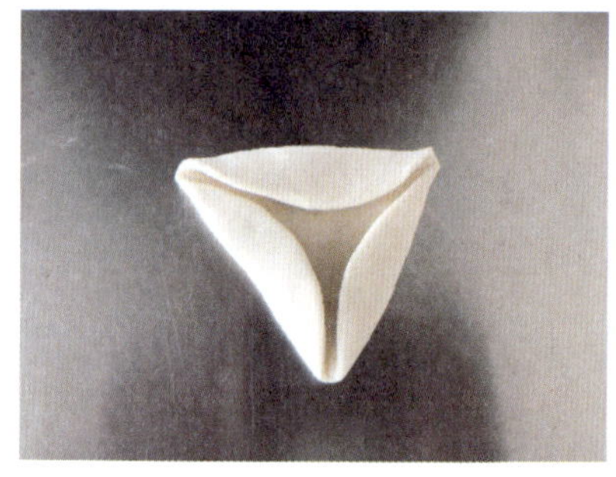

4. 将静置好的面团下成约 40 克一个的剂子，擀成薄厚一致的圆皮，折叠出等边三角形。

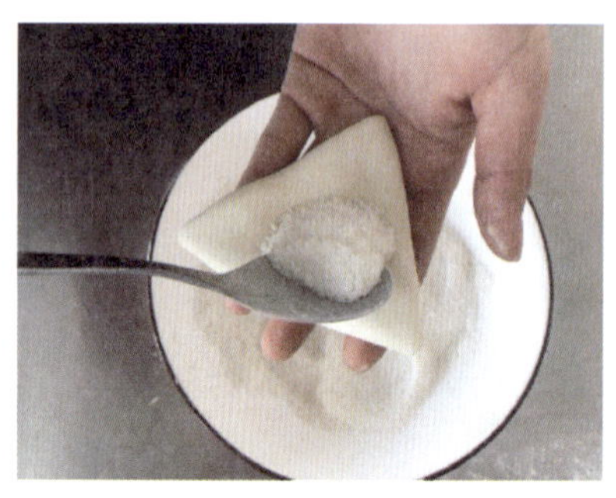

5. 将三角形翻过来，正面朝上，填入约 10 克的馅心。

6. 将三角形的三个角捏在一起，三条棱用筷子夹出纹路，即成生坯。

7. 将生坯放入发酵箱醒发至体积约大一倍后，放入蒸箱蒸制 8 分钟。

8. 将成品进行最后的点缀装盘，即完成糖三角的制作。

技术要领

1. 馅心中的白糖也可以用红糖代替。
2. 擀皮时用力均匀，面皮薄厚一致。
3. 包制时，可在边缘稍抹一点水，方便粘合。

4. 用筷子夹花纹时，每条棱的花纹应一致。

5. 做出的成品大小、规格要一致。

三、泥蓉馅制作

泥蓉馅是以植物种子、果实、根茎等为原料，加工成泥、蓉，再用糖油炒制或拌制而成的一种甜馅，其特点是绵软细腻，并带有原料特有的清香味，如枣泥馅、豆沙馅、莲蓉馅等。

泥与蓉制作工艺基本相同，形状略有差异，泥稍粗且略稀软，蓉细且稠硬。常用的泥蓉馅有豆沙馅、枣泥馅、薯泥馅、莲蓉馅、豆蓉馅等。

1. 原料

植物种子、果实、根茎，糖，油脂。

2. 工艺流程

选料→预熟处理→制泥、蓉→炒制。

3. 制作过程

（1）选料

选料包括两个方面：一是主料的选择，所选原料需生长老熟、形态饱满，无虫蛀、无霉变、无损伤；二是辅料的选择，即糖和油脂的选择，要依馅心特点而定，馅心成品色泽深的，糖、油色泽深浅均可，馅心成品色泽浅的，需选择白糖和浅色的植物油。

（2）预熟处理

选好的原料经洗、泡、去皮核等加工处理后，通过蒸、煮的方法进行熟制，使原料在加热过程中充分吸收水分变得软烂，便于制作泥、蓉。一般果实和根茎类原料，如枣类、薯类等宜用蒸的方法，蒸时火旺汽足，一次蒸好，蒸制时间依原料质地、个体大小等因素而定。种子类原料，如豆类、花生等宜用煮的方法，煮时先用旺火烧开，再改用小火焖煮。

（3）制泥、蓉

将经过预熟处理的原料运用手工和机器绞制两种方法制成泥、蓉。

手工方法是采用铜筛擦制或用刀碾制成泥蓉；机器绞制速度快，出成率高，但馅心粗糙，可增加绞制遍数，以使馅心细腻。

（4）炒制

炒制的目的是增加馅心香气，收干水分，便于贮藏和使用。根据馅心色泽可分为本色炒法和转色炒法。

本色炒法：锅置火上，加适量油烧热，放糖，至糖稍溶化即下入泥、蓉，不断翻炒，炒至浓稠，再将余下油脂分次加入，炒至均匀。

转色炒法：一种是延长本色炒制的时间，使馅心转色；另一种是锅置火上，加适量油烧热，放一部分糖炒色，至糖呈红色时，下入泥、蓉，炒至浓稠，再分两次将剩余的油和糖加入，炒至转色、味香、均匀即可。

炒馅过程中需用小火，并且要不停翻炒，使水分慢慢蒸发，防止焦煳。

技能巩固

黄金大饼

成品特点 外脆里嫩，香甜可口。

皮坯原料 低筋面粉 200 克，酵母 3 克，白糖 10 克，清水 120 克。

馅心原料 红豆 250 克，玉米油 100 克，绵白糖 100 克。

装饰原料 白芝麻适量。

制作步骤

1. 按照原料配比准备好所需原料，面粉选用低筋面粉，红豆提前浸泡。

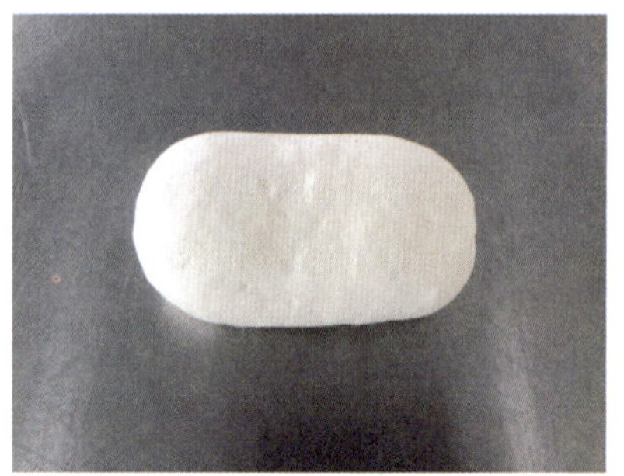

2. 将过筛的面粉开窝，中间加入白糖和酵母，分次掺入水，调制成光滑的面团，盖上湿布饧制 10 分钟左右。

3. 将红豆放入锅中，加入两倍的水，将红豆煮熟、煮透。

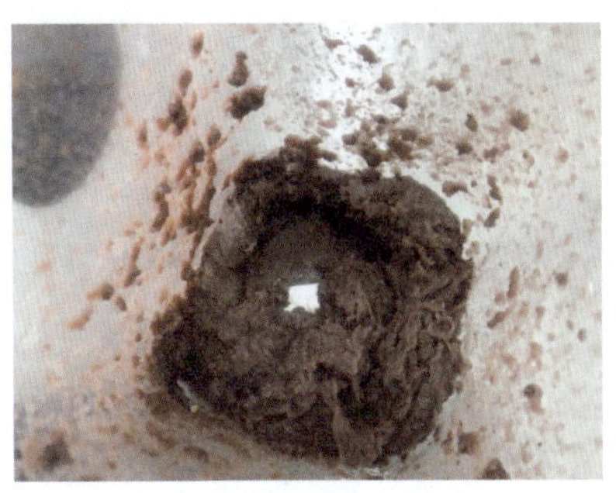

4. 将煮熟的红豆放入破壁机中打成细腻的豆沙。

5. 将平底锅加热，放入豆沙，小火翻炒至无过多水分，分次倒入玉米油和绵白糖，继续翻炒至豆沙油润细腻。

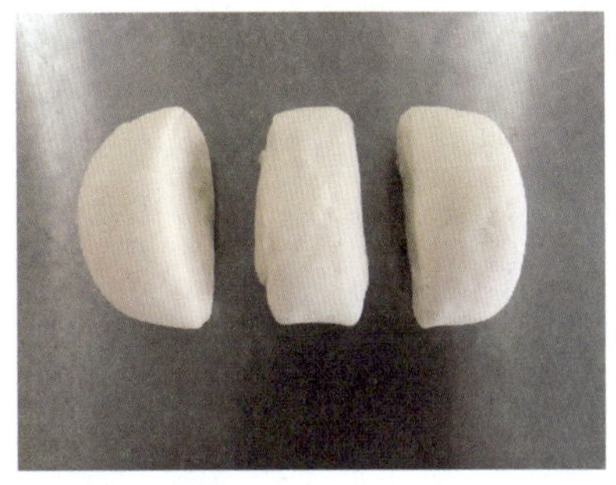

6. 将静置好的面团平均分成3份，每份约100克。

7. 将豆沙分为50克一个的小份，将面剂按扁，填入豆沙馅，用虎口将馅心完全拢住。

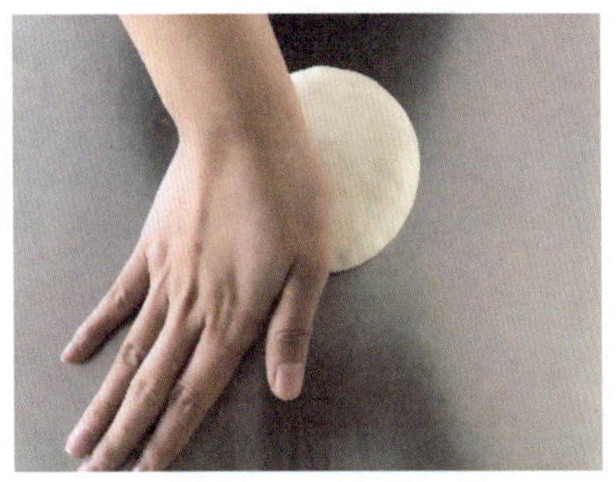

8. 将面坯用手按成约1厘米厚的圆饼，用掌根将边缘压薄，表面刷上水，滚沾上芝麻，即成生坯。

9. 将生坯置于刷过油的蒸盘中，将芝麻轻轻按实，并调整好生坯的形状。

10. 将生坯放入醒发箱发至体积约大一倍后，放入蒸箱蒸制约 8 分钟，取出稍做冷却。

11. 锅中加油烧至四成热，放入蒸好的大饼，用笊篱轻轻向下按压，炸至两面金黄，取出沥油。

12. 将成品进行最后的点缀装盘，即完成黄金大饼的制作。

技术要领

1. 发酵面团不宜狠揉，否则不易发酵。
2. 红豆提前泡一夜比较好煮，要煮透、煮烂。
3. 炒制豆沙馅时一直保持小火，不断翻炒，直至可以成团。
4. 生坯应中间厚、边缘稍薄。
5. 馅心应在正中间，否则影响成品美观。
6. 应等生坯冷却再进行炸制，炸制时油温不宜过高，用笊篱轻轻下压使制品浸入油中，否则容易出现阴阳面。

四、果仁蜜饯馅制作

果仁蜜饯馅是以果仁、蜜饯、果脯等为主料，经加工后再加入糖、油、粉料等辅料调制而成的一种甜馅，其特点是松爽甘甜、果香浓郁。受地理性差异、饮食习惯等因素的影响，果仁蜜饯馅在原料选用及配比、制作方法等方面各地均有不同，从而形成了不同的风格和口味，常见的有五仁馅、八宝馅、百果馅等。

1. 原料

果仁、蜜饯、果脯，糖，油脂，粉料。

2. 工艺流程

选料→加工→配料→拌制。

3. 制作过程

（1）选料

果仁大都含有较多脂肪，易受贮存环境的影响而变质，因此要选择新鲜、饱满、味正的果仁。蜜饯的糖液浓度高、黏性大，果脯相对较为干爽，宜选用色亮、味纯的果脯蜜饯。

（2）加工

果仁一般经过炒、炸或烘烤成熟后去皮，颗粒大的需切或擀压成碎粒，果脯、蜜饯需切成丁、末以便使用。

（3）配料

配馅时，果仁、蜜饯、果脯既可单独作为主料，也可混合成馅。糖、油、粉料的比例要根据馅心中果仁、蜜饯、果脯的多少及馅心的特点而定。

（4）拌制

将加工好的果仁、蜜饯、果脯与糖、油、粉料搓拌均匀，干湿合适。

技能巩固

葡萄干酥饼

成品特点 松香酥脆，满口留香。

主要原料 低筋面粉 200 克，玉米油 75 克，鸡蛋 50 克，糖粉 70 克，泡打粉 3 克，熟花生 40 克，葡萄干 60 克。

制作步骤

1. 按照原料配比准备好所需原料，面粉选用低筋面粉。

2. 将鸡蛋、糖粉和玉米油混合。

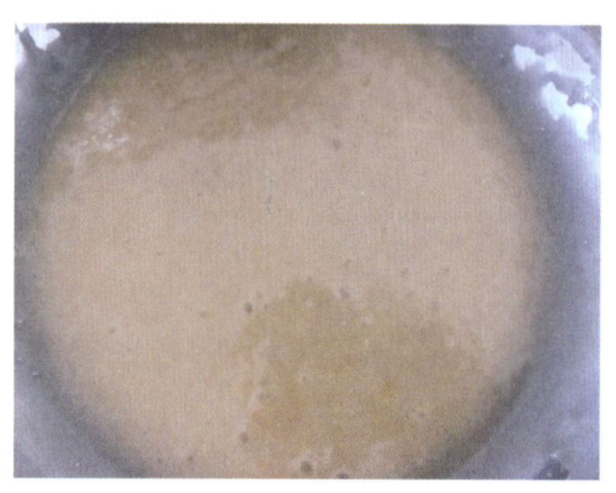

3. 搅拌至完全乳化，呈光滑、无颗粒状。

4. 将面粉与泡打粉混合后过筛，加入蛋糊中，翻拌均匀即可。

5. 将葡萄干用清水洗净后切碎，花生烤熟碾碎后与葡萄干一起加入面团中，搓匀即可。

6. 将面团搓成均匀的长条，下成约20克一个的剂子。

7. 将剂子搓圆后放入烤盘中，用掌根将其轻轻压扁。

8. 刷上两遍鸡蛋液，撒上黑芝麻，即成生坯。

9. 烤箱温度调至面火和底火 180 ℃，放入葡萄干酥饼生坯，烘烤 15 分钟左右。

10. 将成品进行最后的点缀装盘，即完成葡萄干酥饼的制作。

技术要领

1. 面粉要选择低筋面粉，面团调制过程中不需要揉制，防止生筋。
2. 面团要现做现用，不可久置，否则易出油。
3. 要根据面团状态调整面粉用量，不粘手即可。
4. 葡萄干要切碎，花生要碾碎。
5. 蛋液要刷两遍，这样成品更加美观。

五、鲜果花卉馅制作

鲜果花卉馅是以新鲜水果和花卉为原料，经过加工，与糖、油脂等原料拌制而成的一种甜馅，特点是口味清新，水果与花卉香气浓郁，是现代糕点开发创新的一类重要馅心，常见的有菠萝馅、苹果馅、茉莉花馅等。

1. 原料

水果、花卉，糖，油脂，粉料。

2. 工艺流程

选料→加工→配料→拌制。

3. 制作工艺

（1）选料

水果要选择大小均匀、形状规则、色泽鲜艳、香气浓郁、无损伤、无病虫害的；花卉要选择新鲜、可食用的。由于新鲜水果和花卉易腐败，因此要快速加工。常用的水果有苹果、菠萝、榴莲、西瓜、香蕉等，常用的花卉有玫瑰花、桂花、茉莉花等。

（2）加工

将原料择洗干净，用刀切、剁或机器绞打成颗粒、蓉等形态。

（3）配料

在糖馅的基础上，根据水果、花卉的含水量、甜度等因素合理调整糖、油、粉料等的添加量。

（4）拌制

将加工好的水果、花卉与糖、油、粉料拌和，搓擦均匀即可。

技能巩固

山楂松糕

- **成品特点** 糕体雪白，馅心透红，入口绵软，酸甜开胃。
- **皮坯原料** 籼米粉 130 克，糯米粉 60 克，细砂糖 25 克，水 100 克。
- **馅心原料** 山楂 200 克，白砂糖 80 克。
- **制作步骤**

1. 按照原料配比准备好所需原料，山楂洗净晾干水分。

2. 用去核器具将山楂核去除干净。

3. 将山楂切瓣，和600克水一同熬煮。

4. 熬煮至山楂软烂后关火，放置一旁冷却。

5. 将冷却过的山楂倒入料理机，打至细腻，再倒回锅中，加入白砂糖。

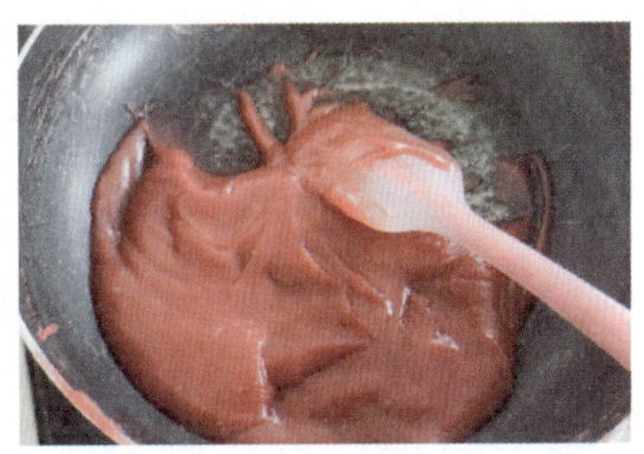
6. 开小火，用硅胶铲翻炒至山楂酱黏稠即可关火，放置一旁晾凉。

7. 将皮坯原料掺拌均匀，分次加入清水拌和后饧制10分钟，再用双手搓擦成不粘手的松散粉粒状。

8. 将粉料放入细网筛中，筛成细腻松散的糕粉。

9. 在花边盏中倒入10克糕粉，用手轻震盏底，将晾凉的山楂酱装入裱花袋中，挤在粉料正中间，馅心约10克一个。

10. 再撒上10克左右的糕粉，将盏装满。用馅挑或刮板将多余的粉料轻拂掉，并将表面刮平整。

11. 做好的松糕生坯轻震后，整齐地摆入蒸盘中，足汽蒸 10 分钟。

12. 蒸好的松糕稍晾凉后，脱模摆盘即制作完成。

技术要领

1. 山楂浸泡 5 分钟后再清洗，更容易去除表面脏污。
2. 山楂核需去除干净。
3. 打磨好的山楂酱要用小火慢熬，勤翻动，避免煳锅。
4. 拌粉时应掌握好掺水量，分次加入。
5. 粉料拌和好后需饧制，使粉料与水更充分融合。
6. 粉料成形前要用细网筛过筛，粉筛目数一般小于 30 目。
7. 松糕生坯轻震后再蒸制，以使粉料更加紧密、无缺缝。
8. 脱模要小心，避免破坏形状。

六、糖油蛋（糠）馅制作

糖油蛋（糠）馅是在糖馅的基础上，添加鸡蛋和香气浓郁的辅料调制而成的一种甜馅，其特点是软滑细腻、香甜可口。常用的辅料有吉士粉、椰丝（蓉）、奶粉等，一般选择蒸、煮的加热方法制作，在加热过程中边加热、边搅拌，以免馅料成块，影响口感，常见的有奶黄馅、椰蓉馅等。

1. 原料

糖，粉料（面粉、糕粉），油脂，鸡蛋，辅料。

2. 工艺流程

选料→加工→配料→拌制→成馅。

3. 制作工艺

（1）选料、加工、配料

选料、加工、配料与糖馅制作基本相同。

（2）调制成馅

将所有原料根据制馅要求按顺序混合均匀，蒸、煮或直接擦制成馅，蒸、煮的过程中要定时搅拌，以免出现不均匀的块状，影响馅心质量。

技能巩固

吉士奶黄角

成品特点　色泽黄亮透明，甜香爽口。

皮坯原料　澄面 90 克，生粉 10 克，吉士粉 20 克，猪油 10 克，白糖 10 克。

馅心原料　糖 50 克，吉士粉 10 克，玉米淀粉 20 克，奶粉 20 克，椰浆 50 克，炼乳 20 克，水 30 克，鸡蛋 1 个，黄油 20 克。

辅助原料　椰蓉适量。

制作步骤

1. 按照原料配比准备好所需原料，黄油提前室温下软化。

2. 将馅心粉料倒入深盘中，依次加入炼乳、鸡蛋和椰浆搅拌均匀。

3. 分次加入适量清水，顺着一个方向将原料搅拌至充分融合。

4. 在深盘上封上保鲜膜，用牙签顺边缘扎上小孔，放入蒸箱蒸5分钟。

5. 将馅心取出，铲拌均匀，防止浆料沉淀。

6. 再次封上保鲜膜，扎上孔洞，蒸 5 分钟。

7. 蒸好的馅心趁热加入黄油，搅拌均匀后晾凉备用。

8. 锅内加清水置火上煮沸，将澄粉和生粉混合均匀，水沸后快速倒入粉料中，边倒边搅拌，烫成熟澄面。

9. 将烫好的熟澄面反扣在案板上闷 3 分钟左右，倒出，擦入白糖、吉士粉和猪油。

10. 揉擦好的粉团细腻光滑，颜色呈蛋黄色。

11. 用双手掌根将粉团搓成粗细均匀的长剂，用刮板切成 25 克一个的剂子。

12. 将剂子放入手心，双手搓圆，用掌根按压成中间厚、边缘薄的圆皮。

13. 将 12 克馅心包入圆皮正中间，将皮对折封口，即成生坯。

14. 蒸盘刷油，整齐地将生坯摆入，足汽蒸 6 分钟。

15. 在蒸好的生坯表面趁热沾裹上一层椰蓉。

16. 色泽黄亮、喷香扑鼻的吉士奶黄角制作完成。

技术要领

1. 根据奶黄馅实际量的多少灵活掌握成熟时间。

2. 奶黄馅每蒸 5 分钟后需取出搅拌均匀，再次蒸制，避免沉淀。

3. 烫澄面时沸水需一次性加入，快速搅拌成团，分次加入易造成粉粒吸水、糊化、不均匀，影响面团质量。

4. 馅心要包在皮坯正中间，包馅要包严。

5. 成品要趁热沾椰蓉，否则冷却后容易沾不均匀。

第三节　面臊制作

面臊又称卤臊、菜码、浇头、面码、臊子、打卤等，是指加在面条或米粉上的一类馅料。它不仅决定了大多数面条和米粉的风味特色，而且还能突出制品的色泽形态，增加制品的营养价值，丰富制品的花色品种。面臊的用料广泛、制法多样、口味多变、种类繁多、风格各异，根据制作工艺及成品特点，面臊可分为汤面臊、卤汁面臊和干腩面臊三种。

一、汤面臊制作

汤面臊是面臊中最常见的一种，是指浇入煮好的面条、米粉中的各种汤汁，或浇盖在煮好的面条、米粉上的汤汁较多的菜肴，可分为纯汤臊和汤菜臊两种。汤面臊主要用于各种汤面、煨面、烩面等。

1. 纯汤臊制作

纯汤臊是指浇入煮好的面条、米粉中的各种汤汁，如原汤、奶汤、清汤、素汤等。纯汤臊的制作关键是制汤，其制法与中餐制汤方法基本一样。

（1）原汤制作

原汤是利用一种原料加清水熬成的具有原汁原味的汤，如鸡汤、牛肉汤、骨头汤等。具体制法是将原料洗净焯水后放入锅中，加入清水烧开，撇去浮沫，加入姜、葱和料酒，用微火煨制或中小火炖制而成。用微火煨制的汤，汤色清澈、味美清鲜，如鸡汤、牛肉汤等；用中小火炖制的汤，汤色浓白、味淡而香，如猪肘汤、骨头汤、肉汤、羊杂汤等。

（2）奶汤制作

奶汤是用老母鸡、鸭子、猪肘、火腿等原料熬制而成的一种呈乳白色的汤，属高级汤料之一。具体制法是将制汤原料洗干净放入锅中，加入清水烧开，撇去浮沫，加入姜、葱、料酒，转中火熬煮至汤汁呈白色。制作奶汤宜选用富含蛋白质、脂肪的原料，煮制火力不能太微，火力若不足，汤的浓度会达不到要求，颜色也不会呈乳白色，会失去奶汤的特点。煮制奶汤一般时间为 3 ～ 10 小时。

（3）清汤制作

清汤是将原汤用肉茸扫汤后得到的澄清透明、呈浅黄色、鲜味纯正的汤。清汤的制作原料与奶汤基本相同，制作过程分两步，即原汤制作和吊汤。

1）原汤制作。将原料洗净，下入冷水锅中，旺火烧开，撇净浮沫，改小火熬制而成。

2）吊汤。吊汤常用的肉茸有红茸和白茸，红茸即用猪精瘦肉捶制而成的肉茸，白茸即用鸡脯肉捶制而成的肉茸。

将肉茸用适量清水调散成肉茸汁备用，将原汤大火烧开，改小火保持“沸而不腾”状态，将红茸汁搅匀，冲入汤中，用手勺顺着一个方向搅散，待肉茸凝固浮面后捞出，再用白茸扫汤 1 ～ 2 次，即成清汤。

（4）素汤制作

素汤是指用素菜制作而成的汤。这种汤虽然蛋白质、脂肪含量少，但含有丰富的维生素、无机盐，汤味清香纯正。具体制法是将蔬菜择洗干净，改刀或整料投入清水中，大火烧开，改中小火熬制而成。在普通素汤的基础上，添加竹荪、口蘑等原料可制成特制素汤，汤色更加清亮透明，味道更加鲜美。

（5）纯汤臊制作工艺

通过以上几种常用基础汤的介绍，可以总结出纯汤臊的制作工艺。

1）原料。主料，辅料，调味料。

2）工艺流程。选料→初加工→熬制。

3）制作方法。

①选料：按制汤要求选择主料（荤汤选择畜、禽、水产等原料，如鸡、鸭、猪、牛、羊等；素汤选择富含呈鲜成分较多的蔬菜，如黄豆芽、竹笋、蘑菇等）、辅料（在原汤的基础上适量添加，能体现汤臊的特色）和调味料（以咸鲜味为主，如盐、料酒、葱、姜、胡椒粉等）。

②加工处理：将各种原料择洗干净，按不同要求进行刀工处理，一般切割成较大的块、片等形状，需整料投放的无须进行刀工处理。

③熬制：将原料放入锅中，加清水（荤汤原料需先焯水），大火烧开，清理浮沫，加入葱、姜、料酒等调、辅料，调整火力，熬制成汤。

4）技术要领。

①原料要选择新鲜、富含呈鲜物质的动、植物性原料。

②制汤时，原料要冷水下锅，中途不宜加水。如沸水下入原料，会导致原料中的蛋白质迅速变性凝固，不能大量析出进入汤中，导致汤味不鲜。

③主料与水的比例一般在 1 ∶ 1.5 左右。制作清汤时，水可以多一些，制作浓汤时，水可以少一些。

④合理调节火力。汤的种类不同，火力的运用也不同。一般制作清汤时要先旺火烧开，再改小火、微火，使水保持“沸而不腾”状态，直至成汤。如火力过旺，会使汤汁乳白，不清澈；火力过小，主料内部的呈鲜物质不易析出，影响汤的鲜味。制作奶汤时，须旺火、中火，使水保持沸腾状态，如火力过小，汤汁不浓，滋味不足；火力过旺，则易焦底，影响汤味。

⑤控制好熬制时间。汤的种类不同，熬制的时间也不同。通常荤汤熬制的时间长，素汤熬制的时间短，一般为 1 ~ 3 小时。此外，熬制时间也可通过成汤对加水量和成汤量的要求而定。

⑥注意调味料的投放顺序。制汤常用的调味料有盐、葱、姜、料酒等，盐一般在成汤后加入定味，如制汤时加盐，会导致原料中的蛋白质凝固，呈鲜物质不易析出，影响汤的滋味。

2. 汤菜臊制作

汤菜臊是指浇盖在煮好的面条、米粉上的汤汁较多的菜肴，其制法与汤菜的制法类似，原料可切成丝、丁、片、块、条等形状，再以煨、炖、烧、焖、炒等烹调方法制作成臊，如三鲜面臊、红烧牛肉面臊、排骨面臊等。汤菜臊具有汤汁多的特点，其汤汁约占 40% 左右，要求汤味鲜美、原料爽口软滑。

(1) 原料

主料，辅料，汤，调味料。

(2) 工艺流程

选料→初加工→刀工处理→烹制。

(3) 制作方法

选择新鲜的动、植物性原料，择洗干净，加工成丝、丁、片、块、条等形状，按面臊制作要求选择相应的烹调方法进行烹制，掺入汤料，收汁入味即成。

(4) 技术要领

1) 选择新鲜原料。

2) 按要求规格对原料进行刀工处理。

3) 掺入汤料时需一次掺足量。

4) 掺入汤料后要收汁入味。

二、卤汁面臊制作

卤汁面臊是指加在煮好的面条、米线上的汁少汤浓的面臊，其制法与炒菜类似，原料可切成丝、丁、片、末等形状，再以煨、烧、焖等烹调方法制作成臊，如炸酱面臊、稀卤面臊等，具有汁浓味美的特点。

1. 原料

主料，辅料，汤料，调味料。

2. 工艺流程

选料→初加工→刀工处理→烹制→勾芡。

3. 制作方法

将主、辅料择洗干净，加工成丝、丁、片、末等形状，按面臊制作要求选择相应的烹调方法进行烹制，掺入汤料，烧沸入味，用湿淀粉勾芡收汁即成。

4. 技术要领

(1) 主料切配后不需码味、码芡。

（2）按要求规格对原料进行刀工处理。

（3）炒制肉类原料时，火力不能过大，以免炒不散。

（4）控制好芡汁的浓稠度。

三、干煵面臊制作

干煵面臊是指加在煮好的面条、米粉上的不带汤汁或汤汁很少的面臊。此面臊主要用煸炒的方法烹制而成，如担担面臊、干煵牛肉面臊等，具有干香滋润、入口化渣的特点。

1. 原料

主料，辅料，调味料。

2. 工艺流程

选料→初加工→刀工处理→煸炒。

3. 制作方法

将主、辅料择洗干净，加工成颗粒状，炒锅置火上，加油炙锅，加入少许凉油，烧至四成热，下入肉粒炒散，烹入调味料，煸炒干水分，至肉粒吐油、酥香即可。

4. 技术要领

（1）肉类原料不宜剁得过细。

（2）主料切配后不需码味、码芡。

技能巩固

红烧牛肉面

成品特点 料香十足，味道鲜美醇香，面条筋道爽滑。

主要原料 牛腿肉 200 克，鲜面条 100 克，青菜适量，香菜 5 克，葱姜适量，白糖 10 克，料酒 12 克，老抽 3 克，生抽 5 克，盐 6 克，香油 5 克，味精 1 克，蚝油 5 克，香叶 3 片，八角、桂皮适量，花椒粒 3 克，茴香粒 2 克，干辣椒 4 个。

制作步骤

1. 按照原料配比准备好所需原料，将牛腿肉切成直径约 2 厘米的正方块，葱切段、姜切片备用。

2. 锅中加凉水，倒入切好的牛肉和料酒，开火加热，将牛肉焯水。

3. 随着水温上升，表面出现白色浮沫，用勺子撇净肉汤表面浮沫，略煮几分钟，将牛肉捞出，肉汤留取备用。

4. 锅中烧油，加入白糖炒出糖色，下入焯过水的牛肉，翻炒至颜色微黄，倒入大料、葱段和姜片，小火炒出香味。

5. 锅中倒入留取的牛肉原汤以及各种调味料。

6. 烧开后盖上盖子，调小火焖煮至牛肉软烂。

7. 熬好的牛肉开大火将汤汁烧浓稠，取出大料。

8. 锅置火上，加入清水烧开，将面条抖散，下入锅中。

9. 待面条煮至漂起、一掐即断且无硬心时，下入青菜烫熟，一同出锅。

10. 碗中加入生抽、香油和味精等底料。

11. 将面条和青菜捞入加过底料的碗中，浇入牛肉和肉汤。

12. 表面撒上香菜和香葱，一碗鲜美醇香、回味无穷的红烧牛肉面即制作完成。

技术要领

1. 牛肉焯水需冷水下锅，去净表面血污浮沫，面臊才能清爽不腥。
2. 焯牛肉的原汤不要丢弃，可在熬煮牛肉时使用，这样的面臊更加浓香。
3. 掺入汤料时要一次性加足。
4. 调味料适量即可，不要盖过牛肉的本质味道。
5. 牛肉面臊用大火煮开后需用小火煨炖至软烂。

西红柿打卤面

成品特点 简单易做，汤汁浓厚，面条爽滑，口味鲜美。

主要原料 鲜面条 100 克，鸡蛋 1 个，西红柿 1 个，香葱适量，盐 3 克，淀粉 2 克，蚝油 5 克，生抽 3 克，青菜适量。

制作步骤

1. 按照原料配比准备好所需原料，葱切成葱花备用，蔬菜洗净，淀粉中加入适量清水。

2. 将鸡蛋液中加入少许盐搅散，西红柿表面切十字刀口，在沸水锅中略烫后去皮切成丁。

3. 锅置火上，加油烧至五成热，倒入蛋液，搅散炒熟后捞出备用。

4. 锅中加入适量清油烧热后，将葱花爆香，倒入西红柿丁炒制成酱。

5. 添入适量清水熬煮至汤汁红亮，倒入炒熟的鸡蛋，烧开后加入调味料。

6. 稍煮制片刻后，淋入少许水淀粉勾芡，熬煮至汤汁浓厚。

7. 锅中加水烧沸，将面条抖散下入，用筷子及时搅动。

8. 待面条煮制成熟，加入青菜稍烫出锅。

9. 将面条装入碗中，摆入青菜，淋上卤。

10. 撒上适量香葱点缀即可。

技术要领

1. 炒制鸡蛋时油温不可过高，避免破坏鸡蛋的营养物质，同时避免鸡蛋炒煳。
2. 炒制西红柿时，可略微加些盐，可使西红柿快速出水，更快炒成酱。
3. 芡要调得稀薄，避免卤汁过厚，凉后易结块。
4. 煮面时水量要大，勤搅动，掌握出锅时间。
5. 夏季食用时，可先把面条过凉水后再浇卤汁，配以黄瓜丝食用口感更佳。

干腩牛肉面

成品特点 色泽红亮，面条干爽，咸鲜辣香。

主要原料 鲜面条 80 克，牛肉 100 克，香葱适量，豆瓣酱 10 克，盐 2 克，味精 1 克，生抽 3 克，料酒 5 克，花椒粉 1 克，辣椒油 5 克。

制作步骤

1. 按照原料配比准备好所需原料，将牛肉切成细小的牛肉粒，香葱切成葱花备用。

2. 锅置火上添油，烧热后倒入葱花爆香，加入牛肉粒，炒至松散。

3. 待牛肉粒炒制成熟，倒入豆瓣酱，小火炒出红油。

4. 加入调味料炒制牛肉粒，至水分基本收干，色红、味酥香时起锅即成臊子。

5. 锅中加水烧沸，将面条抖散下入，用筷子及时搅动，煮至面条漂起、用筷子夹断后中间无白心，即可出锅。

6. 碗中加入辣椒油、生抽和盐等底料。

7. 将煮好的面捞入底料碗中，码上面臊。

8. 撒上香葱即制作完成。

技术要领

1. 牛肉要选用后腿肉，加入两成肥肉一同切成细小颗粒，口感更酥香。
2. 牛肉粒下锅后要快速翻炒，避免结块。
3. 炒制面臊时需用小火，火大易焦煳。
4. 面臊炒制吐油、味酥香时即可出锅。
5. 面条煮制成熟即可捞出，避免煮制时间过长，不爽口。

本章小结

本章主要学习面点馅心的相关概念、分类及特点，各类馅心的原料、工艺流程、调制方法、技术要领。通过本章学习，能够在掌握相关理论知识和实训技能的基础上，独立完成各类馅心的调制及相关技能巩固品种的制作，并且具备运用理论知识解决实际问题的能力，同时养成安全、卫生的职业习惯。

思考与练习

1. 归纳总结馅心在面点制品中的作用。

2. 在实际操作过程中，该如何根据所学知识对馅心品种进行创新?

第七章

生坯成形

学习目标

知识目标：

1. 能理解并正确表述各种生坯成形技法的概念。
2. 能熟知生坯成形技法的种类及应用。
3. 能归纳总结并熟练表述各种成形技法的操作方法、技术要领。

技能目标：

1. 能在教师指导下按技术要领熟练操作各种成形技法。
2. 能灵活运用各种成形技法的技术要领，发现并解决生坯成形操作过程中出现的问题。
3. 能独立完成技能巩固品种制作的各工艺环节。

生坯成形工艺是指将调制好的面团、馅料，按照品种的要求，运用各种成形技法塑造面点形态，制成面点半成品或成品的工艺过程。

成形工艺在面点制作中占有重要地位，不仅能决定制品形态，确定制品规格，而且能形成制品风味，体现制品特色，是集技术性和艺术性于一体的操作技术。

第一节 手工成形

手工成形是指将调制好的面团、馅料，根据面点品种形态的要求，运用手工操作

的技法，加工成具有一定造型的成品或半成品的工艺技法。

手工成形技法多样、灵活多变、制作精巧、技术性强。根据成形特点的不同，常用的技法有以下几种：抻、切、削、拨法，多用于制作条形面食，如抻面、刀削面等；按、摊、擀、叠法，多用于制作饼类或卷类，如煎饼、猪蹄卷等；搓、卷、包、捏法，多用于制作花色饺类、包类，如冠顶饺、秋叶包等。

一、抻、切、削、拨

1. 抻

抻是指将调制好的面团经饧面、搓条、溜条后，抻拉成粗细均匀的条、丝等形状制品生坯的成形技法。

抻是手工成形技法中技术性较强的一种，抻制而成的制品称为抻面、拉面，煮制成熟后，口感筋道爽滑。

抻的技法还可以辅助面点制品成形，如银丝卷、缠丝饼等品种的制作就必须经过抻这一步骤。

抻适用于冷水面团、嫩酵面制品的制作。

（1）操作方法

1）和面。按冷水面团或嫩酵面的调制要求将面团调好，静置饧面备用。

2）溜条。溜条又称溜面，是将和好的面团揉搓成粗条状，用双手握住条状面团的两端，反复上下抖动、抻拉，待面变长后，双手合并，使条状面团向相反方向转动，拧成麻花状，如此反复，直至面团柔顺，韧性、延伸性俱佳，自然下垂时即可出条。

3）出条。出条又称开条、放条，在案板上撒上适量干面粉或抹油，将溜顺的粗条放在案板上，双手反复折合抻拉，直至抻出符合要求的面条即可。

（2）技术要领

1）选择面筋含量高、筋性强的优质面粉。

2）面条软硬适中，调制时分次加水，运用揉、捣、揣等技法将面团揉匀、揉透。

3）运用抻的技法成形时，面要饧透，以便于溜条。

4）溜条时动作协调、力度适当，溜顺即可，切勿过度溜制，以免影响面团弹性和韧性。

5）出条时动作连贯、一气呵成，否则易断条、粗细不均。

2. 切

切是指用刀具将加工好的坯料分割成符合制品要求的成品或半成品的成形技法。

切属于较为简单的成形技法，常与擀、压、卷、揉、叠等成形技法配合使用，坯料经切制加工后多为条、块等规则的几何形状。根据坯料成熟的先后顺序，切可分为两种，一种是先切制后成熟，如面条、馒头等；另一种是先成熟后切制，如千层饼、如意凉卷等。

（1）操作方法

将加工好的坯料放在干净的案板上，根据制品对形状的要求，将坯料切制成形即可。

（2）技术要领

1）根据坯料性质特点，选择适合的刀具，如切刀、齿刀等，必要时在刀身上撒适量干面粉或抹油，避免刀口粘连。

2）刀具锋利，刀法娴熟，动作连贯，干净利落，不能出现连刀或斜刀现象。

3）切制后的成品或半成品规格一致。

3. 削

削是指用特制刀具将整形好的面团削制成三棱形面条的成形技法。削出的面条中厚边薄，呈三棱形，棱锋分明，煮制成熟后口感软而不黏、筋道爽滑。

（1）操作方法

1）和面。按冷水硬面团的调制要求调好面团，稍饧后，将面团揉匀，静置饧面备用。

2）成形。将饧好的面团整理成圆枕形，左手托住面团，右手握刀，从面团中部略偏的位置开始下刀，一刀接一刀地将面团削成宽厚一致的三棱形面条。

（2）技术要领

1）面团软硬适度，刀削面团属于冷水面团中的硬面团，调制时要将面团揉匀、捣透，以免成形时断条、粘刀。

2）削制前将面团整理成圆枕形，便于成形操作。

3）后一刀要削在前一刀的上端，逐刀上削，保持面团形状一致。

4）刀刃锋利，动作娴熟。

4. 拨

拨是指用筷子将稀软面团拨成两端尖细、中间圆粗的条的成形技法。拨出的面条因形似小鱼，故称拨鱼面，又名剔尖、剔拨股，是山西面食中极具代表性的品种，煮制成熟后，口感香滑，软而有筋，别具风味，具有浓郁的地方特色。

（1）操作方法

1）和面。按冷水稀软面团的调制要求调好面团，揉、揣均匀，静置饧面备用。

2）成形。将饧好的面团放入凹形盛器（盆、盘、碗等）中，表面蘸冷水拍光，把盛器对准煮锅，略倾斜，用筷子沿盛器边沿将面条拨入沸水锅中，煮熟即可。

（2）技术要领

1）调好的面团要运用揉、揣的手法进行揉制，揣面时，要蘸水揣制，使面团更加柔顺，均匀有劲。

2）饧面时间要足够，以使拨出的面条柔软光滑。

3）拨鱼所用筷子要选用竹质、前端尖利、呈三棱形、后端圆滑的特制筷子。

4）动作要熟练迅速，以保证面条成熟度一致。

5）拨面时，筷子要经常蘸水，以防面条粘连。

技能巩固

抻面

成品特点 细如发丝，点火即燃。

主要原料 高筋面粉 500 克，盐 5 克，碱 1 克，水 300 克。

制作步骤

1. 按照原料配比准备好所需原料。

2. 高筋面粉过筛放在案板上开窝，中间加入盐、碱和少许水化开，再加入 80% 的水。

3. 抄拌成麦穗状，再加入剩余的水和成面团。

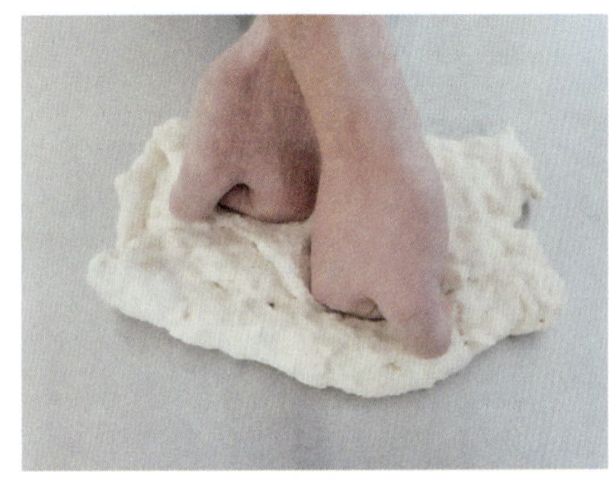

4. 双手握拳交叉揣面，使面团逐渐光滑，可以适当揣水使面团更加柔软。

5. 面团揉制光滑后盖上保鲜膜，饧制半个小时。

6. 将饧好的面团搓成长条，双手掌心向上拖住面条两头，上下抖动，边抖边抻。

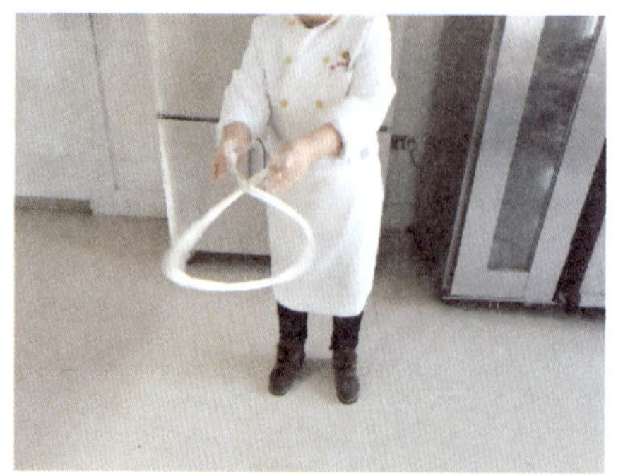

7. 右手在外、左手在里，两手交叉使面条上劲，拧成麻花状。

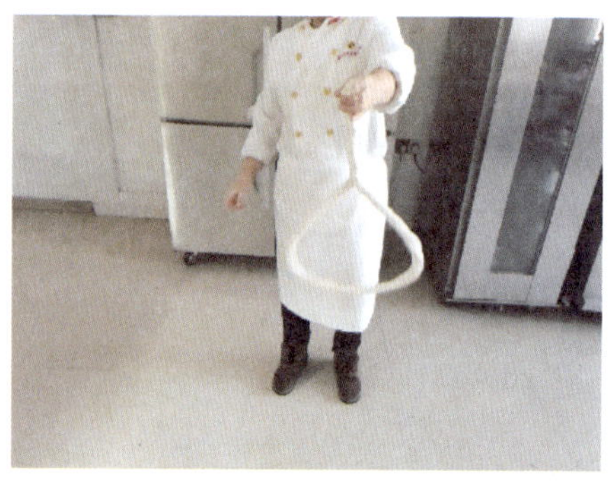

8. 将面条交到左手，右手顺势接住另一头，再次上下抖动，边抖边抻。

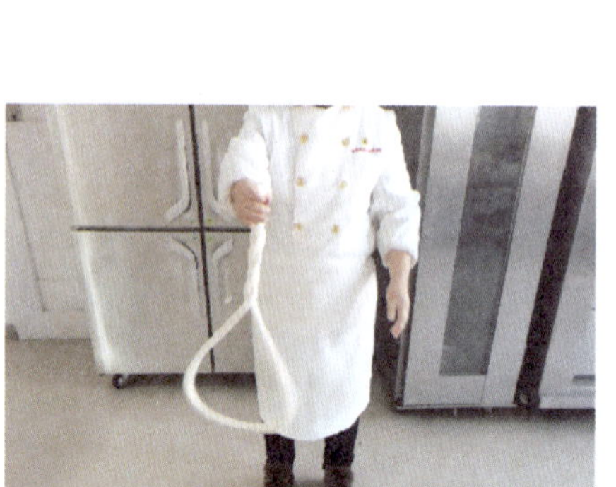

9. 左手在外、右手在里，两手交叉使面条上劲，拧成麻花状，将面条交到右手。

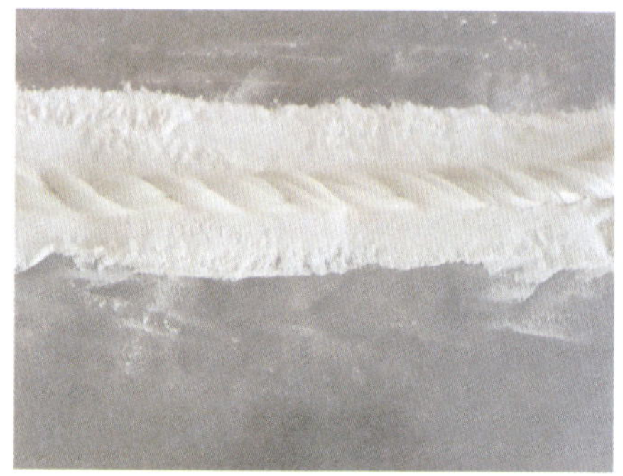

10. 如此反复溜条，直到面条能够自然下垂时，将面条放在撒有干面粉的案板上。

11. 将面条表面撒上干面粉，切开取其中一段，双手按住两头向相反方向搓成圆条。

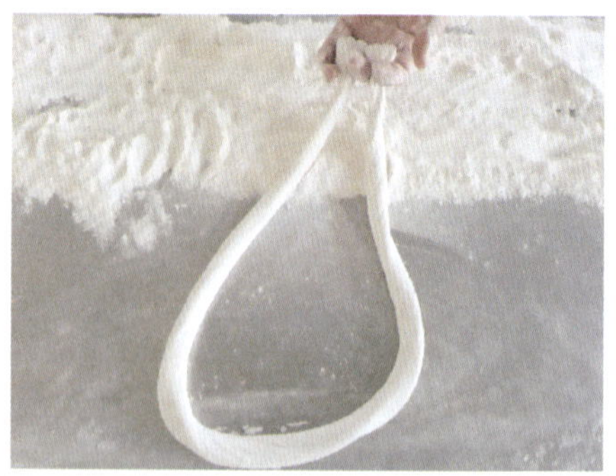

12. 将面条抻长，两头夹在左手的指缝中，动作要快，否则面条粗细不均匀。

13. 右手食指迅速伸入对折点，右手手腕顺势向上翻转，将面条向两端抻长。

14. 双手打圆回到身前，将对折点挂在左手中指上，即为两扣，出四根面条。

15. 在面条表面撒干面粉，防止面条相互粘连。

16. 如此反复出条，直到将面条出到品种要求的粗细。

技术要领

1. 面粉要选用高筋面粉且必须过筛。
2. 面团先和硬、后和软，并充分饧制。
3. 溜条时双手手腕用力，边抖边抻，抖抻结合。
4. 溜条时内外搭扣，左右倒把。
5. 掌握好出条时机，面条自然下垂时方可出条。
6. 出条时动作迅速、熟练，一气呵成，不能停顿，否则易跑条、断条。

技能巩固

双色馒头

成品特点 口感香甜，营养丰富。

主要原料 低筋面粉 500 克，胡萝卜 200 克，酵母 5 克，泡打粉 5 克，白砂糖 25 克，水 200 克。

制作步骤

1. 按照原料配比准备好所需原料，面粉选用低筋面粉。

2. 一半面粉与泡打粉过筛，在案板上开窝，中间加酵母和白糖。先倒少量温水，将酵母与糖混合均匀。

3. 再加入大量的水，将面粉与水抄拌成麦穗状，再加少量的水，揉成光滑的面团，封保鲜膜醒发 10 分钟。

4. 胡萝卜用破壁机榨成汁，采用同样的手法和成黄色的面团，封保鲜膜醒发 10 分钟左右。

5. 面团饧好后擀成厚 0.3 厘米的长片，薄厚要均匀，表面用刷子刷上一层清水。

6. 将黄色面团擀成同样厚度和大小的面片，放在白色面片上，压实，不要留有气泡。

7. 表面再刷一层清水，用双手从一头开始卷起，要卷实、卷紧，交口朝下。

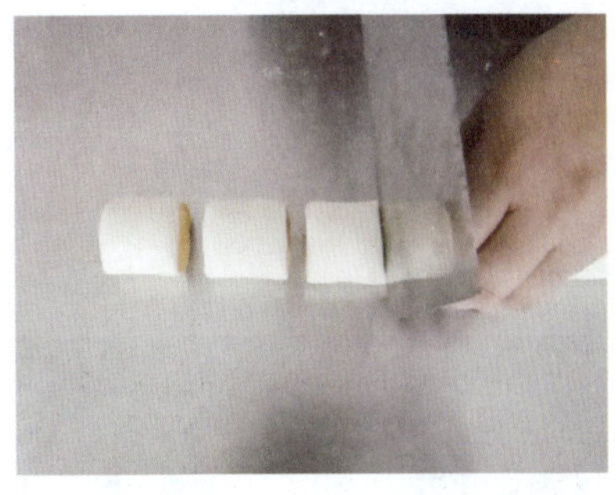

8. 卷好后用刀切成直径 2.5 厘米的小块，下刀速度要快，放在刷油的蒸盘里，放入醒发箱二次醒发。

9. 蒸箱上汽，放入生坯蒸制 8 分钟，中间不能打开蒸箱。

10. 蒸好后，即可装盘食用。

技术要领

1. 低筋面粉平均分成两份，泡打粉不能与水直接接触。
2. 宜用温水，以保证面团的发酵速度。
3. 醒发时间不宜过长，否则制品容易开裂。
4. 卷好的面团要先静置松劲再切，否则刀切时生坯易回缩。
5. 切块时要对准位置，下刀速度要快。

技能巩固

鸡丁刀削面

成品特点 外滑内筋，软而不黏。

皮坯原料 中筋面粉 500 克，盐 10 克，水 200 克。

面臊原料 鸡肉200克，香菇100克，上海青50克，葱段10克，姜片10克，蒜片10克，淀粉20克，盐5克，味精3克，生抽12克，蚝油4克，豆瓣酱10克，香油8克，香菜5克。

制作步骤

1. 按照原料配比准备好所需原料，面粉选用中筋面粉。

2. 面粉过筛，放置案板上开窝，加入蛋清后再加入清水，将面粉拌成麦穗状。

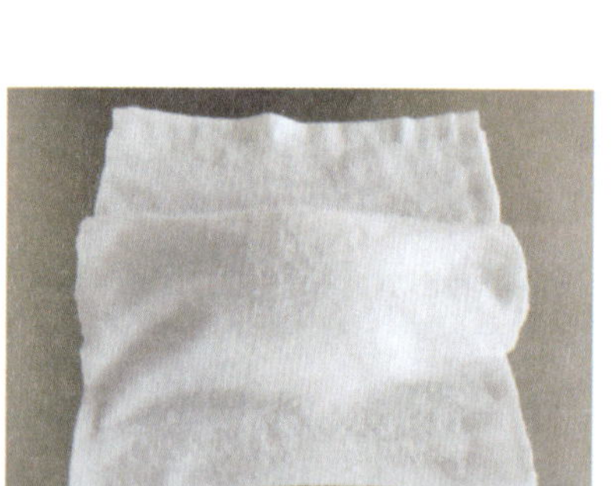

3. 再加水揉成光滑均匀的面团，盖上湿布饧制半个小时。

4. 锅中加少许油加热，下入切好的鸡丁，炒至断生出锅。

5. 锅中加少许油，放葱段、姜片、蒜片炒出香味，再放入剁碎的豆瓣酱，煸炒出红油。

6. 锅中加入鸡丁、香菇翻炒均匀后加开水，小火炖15分钟，加入盐、味精、生抽、蚝油等调味料，最后用水淀粉勾芡即可。

7. 将饧好的面团置于专用的木板上，用专用削面刀将面条顺势削入开水锅中。

8. 将煮好的面条捞入碗中加卤及烫好的上海青，再撒上少许香菜，淋上香油即可。

技术要领

1. 面团要稍硬，以便于成形。
2. 和好的面团要饧制半小时左右，口感更爽滑。
3. 要将面团放在平面的木板上，削面时要拿稳刀片。
4. 面条要直接削入沸水锅中。
5. 制卤时，要用小火先将葱段、姜片、蒜片的香味炒出。

技能巩固

拨鱼面

成品特点　面鱼筋柔光滑，口味酸辣鲜香。

主要原料　中筋面粉500克，清油25克，油泼辣椒25克，醋50克，大蒜5颗，盐6克，水400克，香菜少许。

制作步骤

1. 按照原料配比准备好所需原料，称量准确，面粉选用中筋面粉。

2. 面粉过筛放入盆中，分三次加入清水，用蛋抽顺着一个方向搅拌。

3. 将蛋抽倾斜，由前向后、由上到下提打成稠糊状倒在盘子里，在表面抹一层清油，封保鲜膜备用。

4. 大蒜剥皮洗净，切碎成粒，将热油炝入蒜内，醋加热后同样倒入其中，加盐、油泼辣椒备用。

5. 左手端起盘子，右手拿筷子顺盘边将面拨入开水中，拨进锅中的面条长约 8 ~ 12 厘米，呈两头尖的细长条形。

6. 面条煮熟后过冷水再捞入碗中，加入制作好的调料，最后撒上香菜拌匀，即可食用。

技术要领

1. 凉水要分次加入。
2. 清油加热倒入蒜碗中搅拌均匀后，再加入其他调料拌匀备用。
3. 拨面动作要标准，面条长度要尽量一样。
4. 煮制面条时要及时点水，出锅要过冷水。

二、按、摊、擀、叠

1. 按

按又称揿、压，是指用手掌或手指将生坯按压成形的技法。该成形技法常用于体积较小的面点制品成形，如馅饼、桃酥、糖糕、火腿土豆饼等。按可分为手指按和手掌按两种。

（1）操作方法

将制品生坯放在撒少许干面粉或抹油的案板上，四指并拢或用掌根边按边转，将生坯按成制品要求的形状。

（2）技术要领

1）用力均匀适当，防止有馅品种露馅。

2）边按边转，保持制品大小、厚薄一致。

2. 摊

摊是指将糊浆或稀软面团倒入烧热的锅具中或旋按在热锅具上，边成形、边成熟的成形技法。

摊是一种特殊的成形技法，因其成形制品质地较薄，且边成形、边成熟，这就对操作者的技能娴熟度以及成熟火力的把握提出了更高的要求，技术难度较大，常用于制作煎饼、春卷皮、蛋皮等。

摊制成形所用的锅具有鏊子、平锅、炒锅、饼铛等，根据热能来源可将锅具分为明火加热和电加热两类。明火加热锅具火力不易掌控，对操作者经验的要求更高，而电加热锅具具有安全卫生、温度可控的特点，有助于保证摊制的成品质量。

摊的操作方法主要包括旋摊、刮摊和手摊三种。

（1）操作方法

1）旋摊：将调制好的糊浆倒入烧热的锅具（平锅、炒锅）中，单手握住锅柄（锅耳），利用手腕的转动带动锅具旋转，使糊浆在锅内旋转成圆形薄片，成熟即可。

2）刮摊：将糊浆倒入烧热的锅具（鏊子、平锅、饼铛）中，用刮子将糊浆刮成厚薄均匀的圆形薄片，成熟即可。

3）手摊：将锅具（鏊子、平锅、饼铛）加热到适合温度，单手抓住调制好的稀软面团，不停甩动，顺势在锅具表面旋按一周，拉起，待粘到锅具表面的圆形面皮成熟后，取出即可（该技法主要用于春卷皮的制作）。

（2）技术要领

1）调制好的面团无生粉粒，稀稠度适中。

2）锅具干净、光滑，摊制时可用肥膘肉或擦油布擦拭锅面，但不可擦油过多，以免影响成形。

3）控制好加热火力，锅具温度过高，制品易焦煳；锅具温度过低，制品易粘锅。

4）操作动作要迅速、连贯，以保证成品质量。

3. 擀

擀是指用各种面杖将面团、生坯制成不同形状的成形技法。

擀是面点制作的基本动作之一，应用广泛，不仅可以用于面点皮坯的制作，而且可以用于面点制品的成形。根据擀的应用，可将其分为擀剂和擀坯两种。

擀剂是指将下好的面剂，按制品皮坯对形状、大小、厚度等方面的要求，擀制成形。

擀坯是指将制好的生坯，按制品要求擀制成形。

（1）操作方法

1）擀剂：将下好的面剂按扁，案板上撒适量干面粉或抹油，选择相应面杖（大面杖、小面杖、橄榄杖、通心槌等），按皮坯具体要求擀制成形。

2）擀坯：将制好的生坯轻轻按扁，案板上撒适量干面粉或抹油，用面杖按制品具体要求擀制成形。

（2）技术要领

1）选择相应面杖，用力均匀，有馅品种要防止擀制时用力过大导致露馅。

2）按皮坯或生坯对形状、大小、厚度等方面的具体要求擀制，如圆形、椭圆形、方形等，有的品种要求厚薄一致，有的品种则要求中厚边薄或中薄边厚。

3）筋性面团的皮坯或生坯擀制前要饧制，待面筋松弛后再擀制，以利于成形；无筋面团的皮坯或生坯则无须饧制，可直接擀制。

4. 叠

叠是指将擀制后的坯料，折叠成一定形态的半成品或成品的成形技法。该技法操作简单，常与擀、卷、切、剪、剞、钳、捏等技法配合使用。

（1）操作方法

将坯剂或经抹油、上馅、包酥的坯料，按制品具体要求擀成相应形状，如圆形、椭圆形、方形等，折叠一次或多次，与其他成形技法配合制成半成品或成品。

（2）技术要领

1）折叠方向、次数视具体品种而定，如冠顶饺、知了饺皮坯的折叠方向就不是简单的对叠，而是定向折叠；层酥制品的皮坯在制作时要通过多次折叠方能形成丰富的层次。

2）坯料的厚薄要均匀一致，抹油、上馅、包酥的量要适中，以免折叠时挤出。

技能巩固

韭香馅饼

成品特点 皮面外焦内软，馅心味道鲜美、韭香宜人。

皮坯原料 面粉 300 克，盐 15 克，温水 170 克，花生油少许。

馅心原料 韭菜300克，鸡蛋2个，虾仁70克，盐4克，味精2克，鸡精2克，香油 5 克。

制作步骤

1. 按照原料配比准备好所需原料，韭菜洗净切碎。

2. 面粉放入盆内加入 70 ℃的温水，搅拌均匀，加入少许花生油，趁热揉成团。

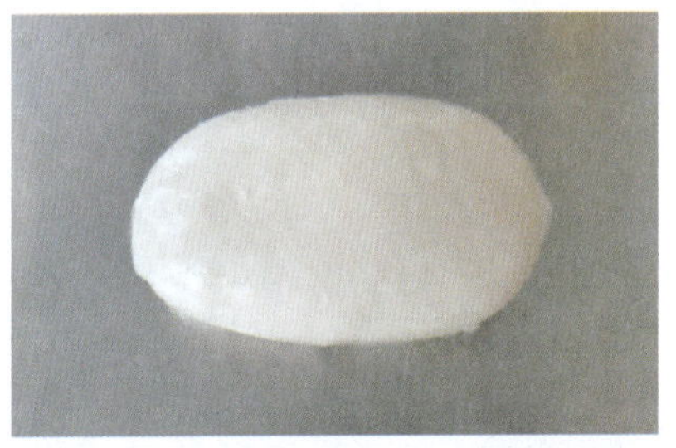

3. 揉好的面团放在案板上摊开晾凉后再揉成光滑的面团，盖上保鲜膜饧制 10 分钟。

4. 将饧好的面团搓成长条，下成 20 克一个的剂子。

5. 取一个面剂按扁，用单手杖擀成中间厚、四周薄，直径为 8 厘米的圆皮。

6. 鸡蛋炒熟切碎，虾仁去净虾线切成大颗粒，韭菜用香油拌匀，三者放入盆内加入盐、味精、鸡精拌成馅心。

7. 取一圆皮，放入馅心，采用提摺捏的手法包成包子形状。

8. 将生坯放在案板上，用手掌将其轻轻按成圆饼，即成生坯。

9. 平锅烧热加入少许油，下入馅饼生坯，码放整齐，煎至底部金黄后翻过来煎制另外一面，煎至两面金黄。

10. 出锅装盘即可。

技术要领

1. 水温要合适，如温度较高，面团弹性差；如温度过低，面团弹性足、韧性强，不易成形。

2. 韭菜现用现拌，并用香油拌匀，防止出水。

3. 生坯按制时，只按中间，不按四周。

技能巩固

小米煎饼

成品特点 营养健康，味道鲜美。

主要原料 中筋面粉 300 克，小米面粉 150 克，玉米淀粉 30 克，水 500 克，盐 8 克，色拉油 50 克，葱花 20 克，香菜碎 20 克，鸡蛋 1 个，黑芝麻 15 克，甜面酱 25 克，海鲜酱 13 克，番茄酱 13 克，鸡精 3 克，白糖 3 克，香油 25 克，生粉 13 克。

制作步骤

1. 按照原料配比准备好所需原料，面粉选用中筋面粉。

2. 将面粉、小米面粉、淀粉倒入碗中，加盐，分次加水，顺一个方向搅拌成细腻无颗粒的面糊，搅打至黏稠上劲后，加入色拉油拌匀，封保鲜膜饧制备用。

3. 面粉加水和成面团，用压面机压光滑，擀成薄片，切成宽 5 厘米、长 8 厘米的片，中间划刀口，油温 150 ℃炸制上色，制成薄脆，捞出备用。

4. 锅内加入色拉油，烧热后加入甜面酱、海鲜酱、番茄酱翻拌均匀，加入鸡精、白糖、香油等调味料，最后加入生粉和水调成的糊，勾芡至黏稠，制成甜酱备用。

5. 煎饼锅小火加热，用擦油布蘸适量色拉油整体擦拭锅体，倒入一勺面糊。

6. 用“竹蜻蜓”轻轻在面糊上转动，均匀摊开，饼坯稍凝固后打入鸡蛋，用“竹蜻蜓”转动鸡蛋，围绕饼坯摊匀。

7. 均匀地撒上黑芝麻，饼坯四周微微翘起时，用抹刀沿四周边缘向中心铲动并翻面。

8. 用刷子在饼坯上刷一层提前炒好的甜酱，撒上葱花和香菜碎。

9. 放入薄脆，用手折一下，方便下一步卷饼。

10. 按薄脆对折的方向卷起饼坯，两边往回折，按住中间向下卷起，交口朝下，中间一切两半即可出锅。

11. 装盘点缀即可。

技术要领

1. 调制面糊时要顺着一个方向搅拌，以便上劲。
2. 面糊要呈流动状，太稠会导致面皮太厚，不易成熟，影响口感。
3. 饼坯要摊得尽量薄一些，否则易造成夹生。
4. 摊制时刷一层薄油即可，油多易把面刮起来，油少面糊粘锅，不容易起锅。
5. 饼坯在摊制的过程中要用小火，否则会受热不均。
6. 饼坯翻面时要待一面微黄后再翻，否则易破损。

技能巩固

菜莽

成品特点 皮薄馅丰，口味鲜香。

皮坯原料 中筋面粉 300 克，水 150 克。

馅心原料 韭菜 300 克，粉条 200 克，鸡蛋 5 个，盐 5 克，味精 3 克，鸡精 3 克，香油 8 克，花椒粉 2 克。

制作步骤

1. 按照原料配比准备好所需原料，面粉选用中筋面粉。

2. 一半面粉过筛放入盆中，加沸水搅拌成絮状，和成沸水面团。

3. 另一半面粉过筛放在案板上加凉水和成冷水面团，将两种面团放在一起混合均匀、揉制光滑，盖上保鲜膜饧制 10 分钟。

4. 韭菜洗净并控干水分后切碎，加香油拌匀，粉条煮熟剁碎，鸡蛋炒熟剁碎。韭菜、鸡蛋、粉条拌匀，加入调味料拌匀备用。

5. 将饧好的面团搓成直径 3 厘米的长条，下成 70 克一个的剂子。

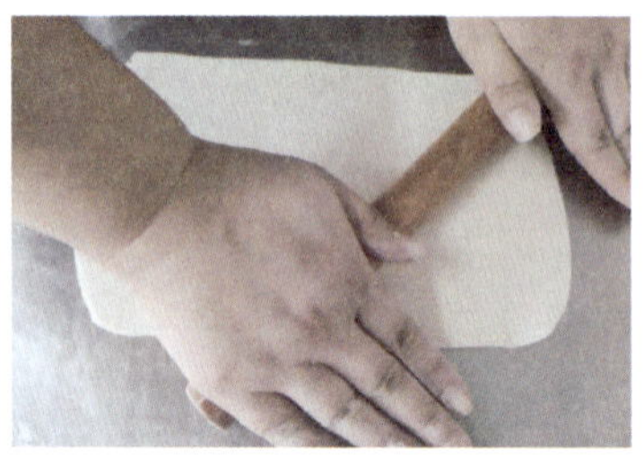

6. 取一个面剂擀成长 20 厘米、宽 10 厘米的长方形。

7. 在擀好的面片上铺上馅心，用馅挑刮平，底部不抹馅，稍抹一层水，从一端开始卷起。

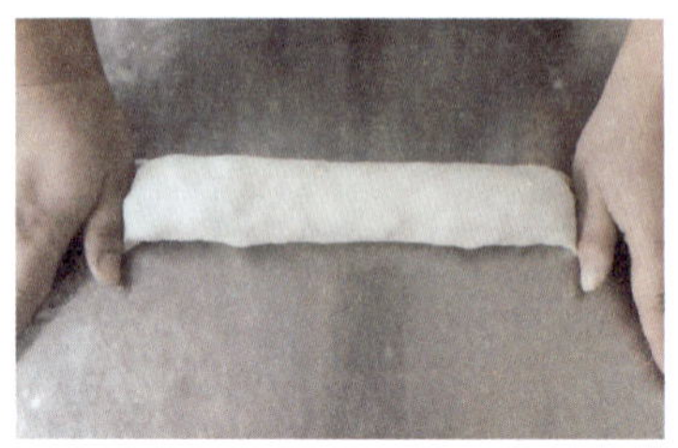

8. 封口朝下，两边用拇指按压紧实，防止露馅，再用双手从外向里挤出褶皱。

9. 将生坯放在刷过油的蒸盘里，蒸制 12 分钟。

10. 取出装盘即可。

技术要领

1. 和面时注意水的比例，面团不能太硬。
2. 韭菜切好后要拌入香油，避免韭菜出水。
3. 擀面时多撒一些干面粉，防止粘连。
4. 面片要尽量擀薄一些。
5. 卷制时要卷紧，封口朝下。
6. 蒸制时间不宜过长，否则口感不佳。

技能巩固

知了饺

成品特点 造型美观，口味咸香，营养丰富。

皮坯原料 中筋面粉 300 克，沸水 150 克。

馅心原料 猪肉馅 200 克，葱花 30 克，姜末 10 克，生抽 5 克，料酒 10 克，老抽 4 克，蚝油 5 克，盐 4 克，鸡精 4 克，味精 3 克，十三香 3 克。

制作步骤

1. 按照原料配比准备好所需原料，面粉选用中筋面粉。

2. 面粉过筛至碗中，加入沸水，用馅挑搅拌均匀，摊开晾凉。晾凉后揉成光滑的面团，盖上保鲜膜饧制 15 分钟。

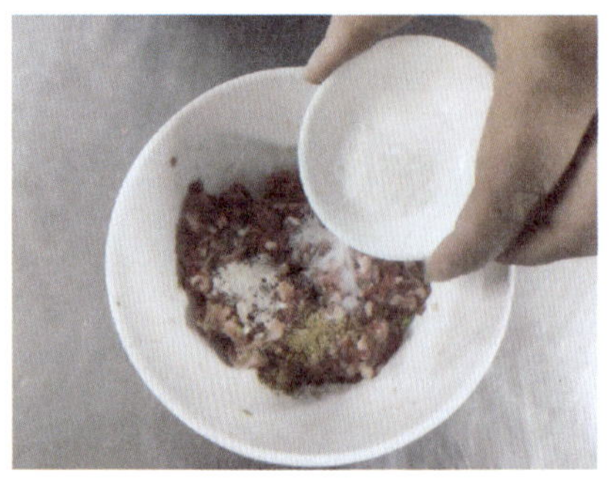

3. 猪肉馅加葱花、姜末拌匀，再加入生抽等其他调味料搅打上劲备用。

4. 将饧好的面团搓成直径为 1.5 厘米的长条，用揪挤的手法，下成 10 克一个的剂子。

5. 取一个面剂按扁，擀成直径 7 厘米，中间厚、四周薄的圆皮，折叠成梯形。

6. 翻面加入馅心，馅心靠近圆弧边。

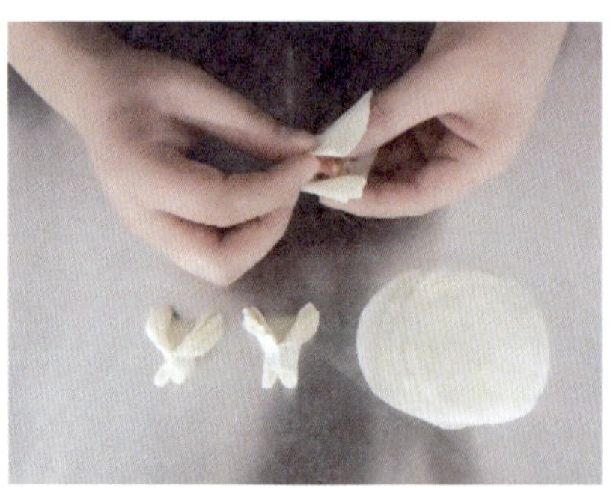

7. 左右侧边对折捏紧，边缘捏宽，留出捻捏花边的位置。

8. 将梯形上底沾少许水，将下底中间向上推起粘在上底上，形成两个孔洞，为“眼睛”留出位置。

9. 左右两边采用捻捏的手法，捻出花边，花边褶皱明显、间隔均匀，不能太宽或太窄。

10. 翻出折叠的部分并整形，“尾部”压进去一点，前面向下推，将“翅膀”撑开，即成生坯。

11. 将生坯摆放在刷过油的蒸盘中，在“眼睛”部位按上蜜豆，进蒸箱蒸制8分钟。

12. 取出装盘即可。

技术要领

1. 烫面时加水量要准确，一次加足。
2. 烫面时拌和动作要快，成团后要摊开晾凉，再封保鲜膜。
3. 掌握好头和尾的比例，“眼睛”部位留红豆粒大小即可。
4. 捏完后要修整一下形状，使“尾部”下压，“翅膀”撑开。

三、搓、卷、包、捏

1. 搓

搓是指将坯料单手或双手搓成球形、半球形、条形等形状的成形技法。

搓是面点制作的基本动作之一，可分为搓条和搓形两种。搓条已在第四章中重点讲解。

搓形是指用手或手与案板配合将坯料搓制成相应形状生坯的成形技法。按操作特

点，搓形可分为单手搓和双手搓两种。

（1）操作方法

1）单手搓：案板上撒少许干面粉（或不撒干面粉），将坯剂放在案板上，手握成空心状，掌根按住坯剂，五指拢住坯剂，转动推搓，直至将坯剂搓成收口较小、表面光滑的半球形即可。

2）双手搓：根据成形要求，可分为搓圆和搓条两种。

①搓圆即双手配合，将坯剂放在双手掌心处，搓成圆球形，可根据品种具体要求，在搓制时蘸少许水或油。该技法多用于无筋性面团制品生坯的成形，如米粉面团、澄粉面团、薯类面团、杂粮面团等制品的制作。

②搓条即双手与案板配合，将坯剂搓成圆条状，其操作方法与基础动作“搓”一致。

（2）技术要领

1）把握搓制力度，使搓成后的生坯表面光滑、规格一致，无馅品种结构紧而不松散，有馅品种不露馅。

2）手法和手部着力部位正确，掌根和掌心着力更有利于保证搓制后的形态。

3）手与案板配合搓制时，为了增大坯料与案板之间的摩擦力，便于搓制成形，应在案板上少撒或不撒干面粉。

2. 卷

卷是指将面团擀制成片状，经刷油或上馅后，卷拢成圆柱形的成形技法。该技法常与擀、叠、搓、切等技法配合使用。按卷制后的呈现形式，卷可分为单卷和双卷两种。

（1）操作方法

1）单卷：将面团擀制成长方形片状，在面片上均匀地刷一层油或铺、撒、抹上馅心，从一边卷向另一边，成圆柱形，根据制品要求直接熟制或刀切下剂后再造型，如菜莽、紫菜糯米卷、绣球卷、蝴蝶卷等。

2）双卷：双卷又可以分为双对卷和正反卷。

①双对卷：将面团擀制成长方形片状，在面片上均匀地刷一层油或铺、撒、抹上馅心，将面片从两边向中间对卷，成双筒形，刀切下剂后再造型，如四喜卷、如意卷等。

②正反卷：将面团擀制成长方形片状，一半均匀地刷一层油或铺、撒、抹上馅心，卷至中间，翻面，在另一半面片上均匀地刷一层油或铺、撒、抹上馅心，卷至中间，成为一正一反的双卷，切剂造型即可，如鸳鸯卷、菊花卷等。

（2）技术要领

1）擀制的面片要形状规则、厚薄一致。

2）在面片上刷油或上馅时要适量，以免卷制时溢出，影响成形。

3）卷制时要松紧合适、粗细均匀。

4）单卷的底边或双卷的结合处要抹少许清水粘合，以免造型时松散。

5）卷制的面卷过粗时，单卷可采取搓的方法进行修整，而双卷则不能采取搓的方法，只能用双手进行捋、捏修整。

3. 包

包是指用皮坯包入馅心后，按制品形态要求包制成形的成形技法。

由于包的品种较多，包制方法也各不相同，常见的技法有无缝包法、包拢法、包捻法、包卷法、包裹法等。

（1）操作方法

1）无缝包法：无缝包法又称大包法，左手托皮，四指向上自然弯曲，呈凹形，右手上馅，稍按压，然后用右手将皮坯边缘拢向中间，包住收口，掐掉剂头，成为无缝的圆球形，收口朝下放置。此种成形技法应用广泛，同时也可作为其他成形技法的基础。

2）包拢法：左手托皮，四指向上自然弯曲，右手上馅，左手五指将皮坯向上收拢，稍稍挤紧腰部，不封口，包成白菜或石榴状，如烧麦的成形。

3）包捻法：方法一，左手托皮，右手用筷子或馅挑将馅心抹在皮的一角，顺势朝内卷滚，抽出筷子或馅挑，将两头粘在一起即成；方法二，将馅心放在皮坯中间，皮坯对折，用筷子或馅挑在皮的一角抹少许清水或馅汁，与对称的角捏合在一起即成。此种成形技法主要用于馄饨的成形。

4）包卷法：把皮坯平放在案板上，将馅心放在皮的中下部，然后将下面的皮向上叠在馅心上，两端往里叠，再将上面的皮往下叠或将包好的部分向上卷，收口用面糊或蛋液粘好即成。此种成形技法常用于春卷、盒子的成形。

5）包裹法：此种技法主要用于粽子的成形，具体方法是将两张粽叶拼在一起，扭成锥形筒状，灌进泡好的糯米，将粽叶折上包好，用马莲叶或绳扎紧即成。

（2）技术要领

1）馅心居中，规格一致，手法正确，动作娴熟，形态美观。

2）皮坯厚薄均匀。

3）馅心不要沾在坯皮边缘，以免影响成形，且会导致制品成熟时散烂。

4）包制时收口要紧而无缝，不可将馅心挤出，要包紧、包严、包匀、包正。

4. 捏

捏是指将包入馅心或无馅的坯料，运用双手的指上技巧，按制品造型要求制成各种形状的成形技法，按手法可分为挤捏、推捏、捻捏、叠捏、扭捏、提褶捏、花捏等。

捏是在包的基础上进行的一种综合性的成形技法，手法多样，富于变化，造型美观，技术性和艺术性较强，如花色蒸饺、船点等。

（1）挤捏

挤捏是指通过双手手指的捏、挤使皮坯边缘黏合，形成木鱼形状生坯的成形技法。运用该技法成形的制品边窄无纹，皮薄肚大，形似木鱼，如水饺等。

1）操作方法。左手托皮，四指向上自然弯曲，右手上馅，将皮坯对折成半圆形，右手拇指和食指捏住皮坯边缘中点，顺势将生坯放到左手虎口处夹住皮坯边缘，左手食指沿皮坯边缘自然弯曲，右手拇指与左手拇指配合，其余手指呈抱拳状，先捏合边缘，再挤压成形，一气呵成。

2）技术要领。

①用力均匀适度，既要捏紧、粘牢，又要防止用力过大，导致挤捏露馅。

②上馅时不得将馅汁涂抹到皮坯边缘，以免造成黏合不牢，成熟时散烂。

③上馅量适当，合理把握皮馅比例。

④不得将生坯边缘捏制过宽，以免影响成形质量。

（2）推捏

推捏是指用手指边推边捏，将皮坯边缘捏制出间距均匀的花纹的成形技法，如月牙饺、锅贴、虾饺等的制作。

1）操作方法。左手托皮，四指向上自然弯曲，右手上馅，左手托住生坯，右手拇指和食指分别放在皮坯里外两侧，互相配合将外侧皮坯推捏成间距均匀的瓦楞形花纹，与里侧皮坯捏合在一起即可。

2）技术要领。

①用力适当，花纹清晰均匀。

②上馅时，馅心放到皮坯里侧 1/3 处，以保证外侧皮坯有足够的捏褶空间。

（3）捻捏

捻捏是指用拇指和食指将皮坯边缘捏制出波浪花纹的成形技法，如冠顶饺、知了饺等的制作。

1）操作方法。将皮坯分成若干等份（冠顶饺分成三等份，知了饺分成二等份），沿等分线将皮坯边缘向上折叠，翻面，上馅，再沿等分线将皮坯对边捏合，拇指和食指配合将捏合的边缘捻出波浪形花纹，最后将折边翻出即可。

2）技术要领。

①皮坯边缘不宜向上翻折过多，以免影响造型。

②推捻时用力均匀，花纹立体清晰。

（4）叠捏

叠捏是指将等分后的皮坯向中间提起捏合，形成若干孔洞的成形技法，如一品饺、四喜饺、梅花饺等的制作。

1）操作方法。左手托皮，右手上馅，双手配合将皮坯分成若干等份，并向上合拢捏合成若干个角，再将相邻两个角的邻边捏合，形成大孔与小孔一一对应的形状即可。

2）技术要领。

①将皮坯按制品要求均匀等分。

②在捏制大孔洞时，要注意保留小孔洞，以使制品造型美观。

（5）扭捏

扭捏是指用拇指和食指将生坯边缘捏制成绳状花边的成形技法，如鸳鸯酥盒、眉毛酥、草帽饺等的制作。

1）操作方法。将上馅后的皮坯对折或再盖上一张皮坯，将边缘捏合，使生坯呈半圆形或圆形，左手托住生坯，用右手拇指和食指将生坯边缘捏薄、上翻，如此反复，直至捏制成绳状花边即可。

2）技术要领。

①捏制时，手指指尖用力，捏、翻结合。

②掌握手指与皮坯边缘的角度，否则后捏成的花纹会盖住之前的花纹，导致花纹不清晰。

③控制好花纹捏制间距，以均匀等距为宜。

（6）提褶捏

提褶捏是指用拇指和食指将生坯捏制成放射性花纹的成形技法，如各式包子的制作。

1）操作方法。左手托皮，四指向上自然弯曲，右手上馅，然后用右手拇指和食指捏住皮坯边缘，拇指在里、食指在外，将捏住的皮坯稍稍提起，再送回原位，顺势将被提拉伸长的皮坯捏成褶状，拇指位置不动，配合食指将捏成的褶向后捻动，整个过程可概括为“提、送、捏、捻”，如此反复，直至将生坯捏制成以收口为中心、呈放射状的褶皱即可。

2）技术要领。

①“提、送、捏、捻”动作流畅，褶皱间距均匀。

②收口宜小，不能露馅。

③通过拇指和食指捏住皮坯的多少来控制褶皱的长度。

（7）花捏

花捏是指运用手指技巧或借助工具将生坯捏制成形的成形技法，如船点中象形蔬菜、水果、花卉等的制作。

花捏工艺复杂，成形后的制品造型美观、栩栩如生，集食用性和观赏性于一体，往往给人以美的艺术享受。不同的制品在成形时有不同的做法，总体要求如下：

1）掌握好皮馅比例，以便于造型。

2）要把握原料的可食性原则。

3）构思精巧，立意明确，合理运用成形技法。

技能巩固

搓条面

成品特点 筋道滑爽，口味多变。

主要原料 中筋面粉 300 克，盐 2 克，色拉油 20 克，水 150 克。

制作步骤

1. 按照原料配比准备好所需原料，面粉选用中筋面粉。

2. 过筛的面粉倒在案板上开窝，加 2 克盐，分次加水，将面粉与水抄拌成麦穗状。

3. 最后再加少量的水，揉成光滑的面团，扣碗饧制 10 分钟左右。

4. 案板抹少许油，将饧好的面团按扁，用擀面杖擀成宽 15 厘米、厚 0.5 厘米的长条。

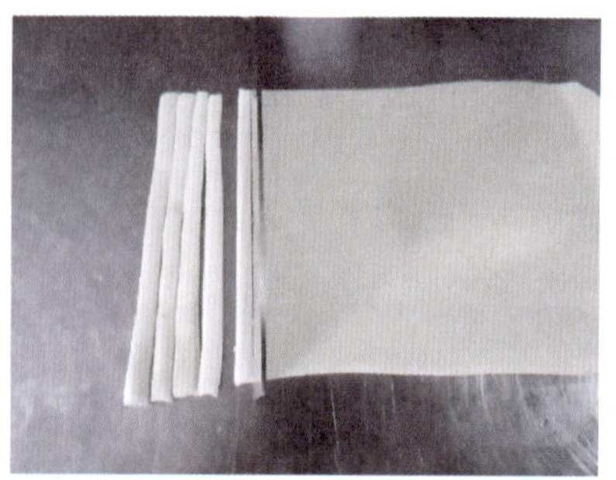

5. 擀好后用刀切成筷子粗细的长条。

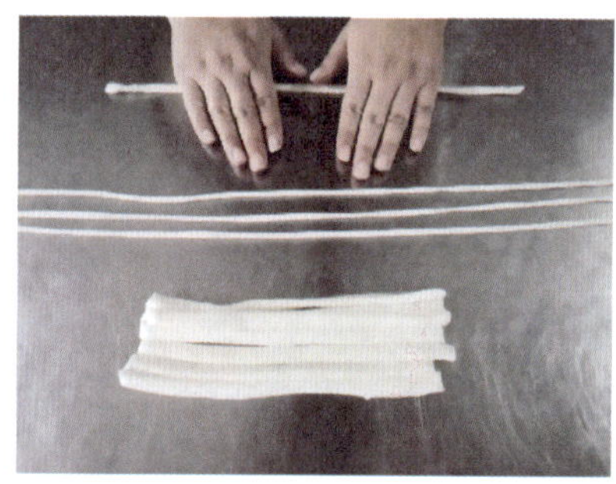

6. 双手抹少许油，取切好的面条，用手掌搓成长约 40 厘米的条。

7. 锅中水开下入搓好的面条，用筷子搅拌，使面条不粘连，煮熟捞出。

8. 将捞出的面条盛入碗中，根据个人口味加卤或调味品即可食用。

技术要领

1. 面团和硬一些，口感更加爽滑筋道。

2. 搓条时要用双手掌根压在条上来回推搓，使条向两端延伸，成为粗细均匀、表面光洁的圆形长条。

3. 搓好的面条应尽快煮制，不宜冷藏或冷冻保存。

4. 面条煮制时，需点冷水 2 ~ 3 次。

技能巩固

紫菜糯米卷

成品特点 营养丰富，色美味佳。

皮坯原料 低筋面粉 300 克，白糖 12 克，酵母 3 克，泡打粉 3 克，清水 150 克。

馅心原料 紫菜 5 张，糯米 400 克，盐 7 克，味精 4 克，白糖 6 克，熟猪油

50克，香菜20克，香葱20克，火腿80克。

制作步骤

1. 按照原料配比准备好所需原料，面粉选用低筋面粉。

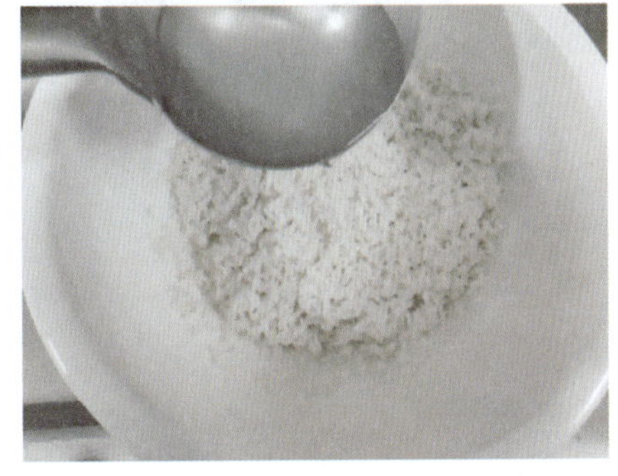

2. 糯米洗净用清水浸泡1.5小时，然后将糯米捞到碗中，用沸水浸泡1小时。

3. 将糯米放入碗中加清水（以浸过糯米表面为宜）蒸制20分钟，成熟后即成糯米饭。

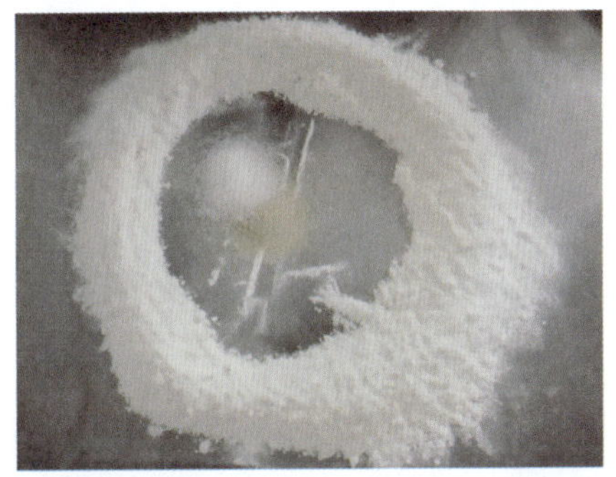

4. 面粉过筛，置案板上开窝，周围撒泡打粉，中间加酵母、白糖，分次加水和成面团。

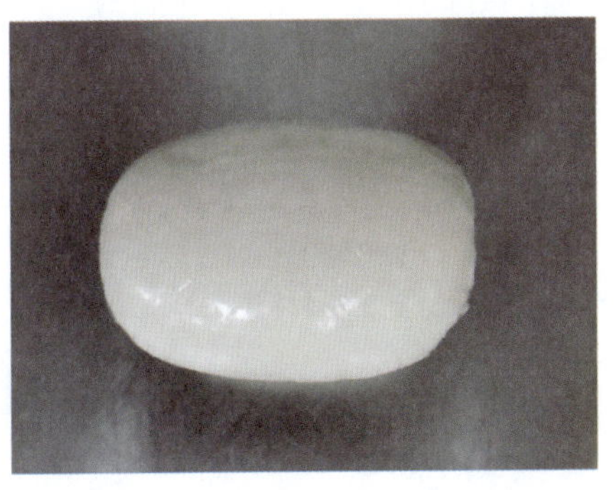

5. 揉成光滑的面团，封保鲜膜醒发10分钟左右。

6. 紫菜烤2分钟即可，不能烤干。

7. 将蒸熟的米饭装入碗中，待尚存余温时，放入盐、味精、白糖等调料与米饭稍拌，然后放入猪油拌至均匀，最后加入香菜、香葱和火腿粒拌匀即可。

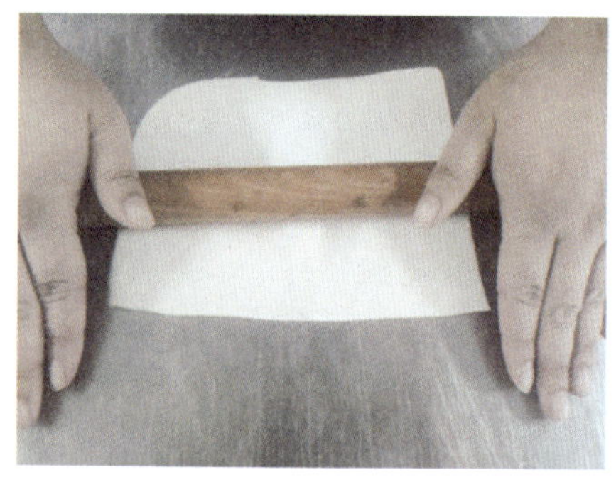

8. 将发酵面团下成50克一个的剂子，擀成正方形，用刀修整，保证面积可卷饭卷一周即可。

9. 寿司竹帘平铺，将擀好的面片放上，紫菜铺在面片上面。

10. 将馅心分成5份，用勺子将1份馅心平铺在烤紫菜上并压紧、按平。

11. 用力握紧竹帘两头，卷起压实，封口朝下。

12. 卷成柱形，稍压一会儿定形。

13. 将卷坯放入醒发箱中饧制 10 ~ 15 分钟，待膨松后入蒸箱蒸制 10 分钟。

14. 卷坯稍晾凉后切成 1 厘米厚的片状，摆盘装饰即可。

技术要领

1. 糯米可以蒸制稍硬一些，因为要二次成熟。
2. 糯米饭调味时，调味料要分散投放，调拌时间不宜过长，以防饭粒过烂。
3. 卷制时，要边卷边按压，防止松散。
4. 卷好后要用寿司竹帘裹起来压紧，稍微定形。
5. 醒发时温度为 30 ℃，湿度为 75%，待膨松后再蒸制。
6. 成熟后晾凉切块，否则会粘连，不易成形。

技能巩固

营养红豆包

成品特点 色泽洁白，口感暄软，口味香甜。

皮坯原料 低筋面粉 300 克，酵母 3 克，白糖 15 克，清水 130 克。

馅心原料 红豆馅 300 克。

制作步骤

1. 按照原料配比准备好所需原料，面粉选用低筋面粉。

2. 面粉过筛放在案板上开窝，中间加酵母、白糖和少许水，酵母与糖溶化后再加入剩余的水，和成麦穗状。

3. 再加适量的水，和成光滑的面团，盖碗醒发10分钟。

4. 醒发好的面团搓成直径3厘米的条，用揪挤的手法，下成30克一个的剂子。取一个面剂按扁，擀成直径4厘米的皮，中间厚、边缘稍薄。

5. 左手拿皮，右手放红豆馅，稍微按压紧实。

6. 用虎口收紧，向上推送直至将红豆馅包裹其中，封口朝下竖起整形，依次摆放在已刷油的蒸盘中。

7. 先放入醒发箱饧制15分钟左右，温度30 ℃，湿度75%，将饧好的豆沙包放入蒸箱，蒸制8分钟。

8. 摆盘装饰即可。

技术要领

1. 面团调制宜用温水，以保证面团的发酵速度。
2. 醒发时间不宜过长，否则制品容易变形。

技能巩固

家常小包

成品特点 皮薄馅嫩，鲜香微辣。

皮坯原料 低筋面粉500克，水250克，酵母5克，泡打粉5克，白糖25克。

馅心原料 猪肉馅300克，豆芽200克，葱花10克，姜末10克，盐5克，生抽6克，料酒10克，鸡精2克，豆瓣酱10克，白糖4克，老抽3克，蚝油4克，花生油50克。

制作步骤

1. 按照原料配比准备好皮坯原料和馅心原料。面粉选用低筋面粉，豆芽洗净，葱、姜切好备用。

2. 面粉过筛，置案板上开窝，泡打粉撒在周围，中间加酵母和白糖，先倒少量温水，将酵母与糖混合均匀。

3. 再加入大量的水，将面粉与水抄拌成麦穗状。

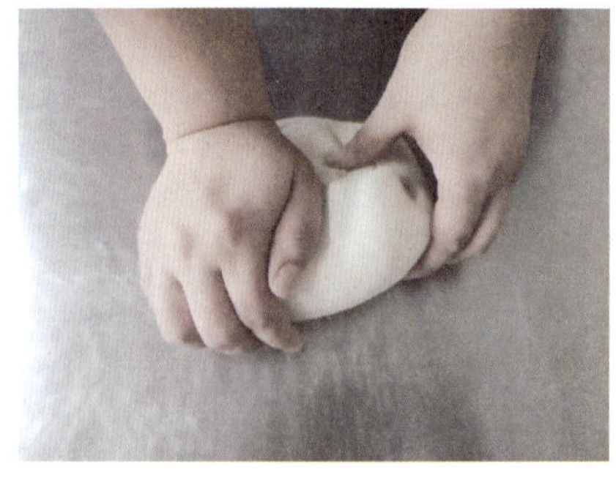

4. 最后再加少量的水，揉成光滑的面团，盖上湿布醒发10分钟左右。

5. 豆芽切成1厘米长的小节，豆瓣酱剁碎，炒锅置火上，锅内加油烧至四成热，下入肉馅炒散，加入料酒炒出香味起锅。

6. 锅中加油放入葱、姜末炒香，加豆瓣酱炒上色，下入炒好的肉馅、豆芽翻拌均匀，最后加入盐、生抽等调味料，即可盛出备用。

7. 将醒发好的面团用压面机压光，搓成直径为3厘米的长条，下成20克左右一个的剂子。

8. 面剂用手掌根部按压，用擀面杖擀成直径为7厘米的皮，中间厚、边缘薄。

9. 取一圆皮放入馅心，右手拇指在里、食指在外，拇指竖放。

10. 采用提褶捏的手法捏出包子花纹，边捏边提，最少 18 道褶皱。

11. 将生坯摆放在已刷油的蒸盘中，放入醒发箱醒发 15 分钟左右，醒至体积膨大发起。

12. 放入蒸箱蒸制 12 分钟，取出后摆盘装饰即可。

技术要领

1. 面团软硬要适度。
2. 面团醒发时间不宜过长。
3. 馅心应干爽、不带汤汁。
4. 包捏成形时提褶应均匀，收口宜小不宜大。

第二节　器具成形

器具成形是指利用成形器具或工具使面点制品成形的技法。器具成形不仅可以提高工作效率，而且成形后的面点制品大多造型别致、形态美观，常用于混酥面团、浆皮面团、生物膨松面团、物理膨松面团、米粉面团等制品的成形，如桃酥、广式月饼、晶饼、钳花包、花馍等。

一、模具成形

模具成形是指用模具将生、熟坯料制成一定形状的成形技法。模具成形具有操作简单、工作效率高、制品规格一致、质量统一等特点，常用的模具成形方法有印模成形、卡模成形和胎模成形。

1. 印模成形

印模成形是指用印模将生、熟坯料成形的技法。印模的模眼大小不一、形状各异、图案多样，有单眼模和多眼模之分。单眼模多用于包馅品种的成形，如广式月饼、各类黏质糕等。多眼模多用于松散坯料的成形，如绿豆糕、桃酥等。

（1）操作方法

1）单眼模：模眼朝上，将包好的球状生坯收口朝上放入模眼中，用手压平，然后手持模柄，将模具左右两侧在案板上敲震一下，再将模眼朝下，脱模即可。

目前挤压式单眼印模也被广泛使用，操作更加简单方便，即将包好的球形生坯收口朝下放在案板上，用印模盖住生坯，向下挤压手柄，脱模即可。

2）多眼模：模眼朝下，双手握住模具的两端，对着松散的坯料按擦，然后翻转，压实坯料，刮去多余坯料，用工具在模具两侧轻敲几下，脱模即可。

使用多眼模成形时，也可以将模眼朝上平置在案板上，将坯料填入模眼中压实，刮去多余坯料，敲震脱模。

（2）技术要领

1）单眼模要保持模内清洁油润，以便生坯脱模。多眼模在使用时，要注意干面粉的使用量，干面粉过少，坯体易粘模，脱模后形态、花纹不完整；干面粉过多，易堵住印模花纹，坯体脱模后花纹不清晰。

2）新模具应放入油中浸泡数日，以防在使用时粘模。

3）包制成形的生坯大小要与模眼大小相适应，以免制品形态不完整。

4）生坯放入模具时，要收口朝上、光面朝下，脱模后花纹印在坯体光滑面上。

5）按压入模后的生坯时，用力要适度，以免将馅心挤出。

6）敲震模具时要用力适当，以免坯体变形。

7）模具花纹被坯料堵塞时，应用竹签等无利刃的工具剔除，以免花纹被破坏，影响坯体脱模及形态完整。

2. 卡模成形

卡模成形是指用卡模将擀制成片状的生坯压出一定形状的成形技法。该技法常用于混酥面团、层酥面团、杂粮面团等制品的制作，如造型饼干、咖喱酥饺、珍珠烙饼等。

（1）操作方法

根据制品要求，将面团擀制成一定厚度的片状，手持模具在面片上垂直按下，再提起，使成形后的生坯与面片分离即可。

（2）技术要领

1）酥性面团调制时应采用翻叠手法，以免面团生筋，导致制品生坯成形、熟制后因面筋收缩而变形，影响成品质量。

2）擀制面片时要在案板上撒适量干面粉或抹油，以免成形时粘连。

3）面片厚度要均匀一致，以保证成品形态。

4）卡制时要按压有力、动作迅速，以免粘连。

3. 胎模成形

胎膜成形是指将调制好的坯料放入模具中，经加热熟制或冷冻成形的技法。该技法成形的制品形状与模具形状一致，造型立体，形状多样，常用于生物膨松面团、物理膨松面团、米浆面团、混酥面团等制品的制作，如蛋糕、发糕、米糕等。

（1）操作方法

模具涂油或垫纸，将调制好的坯料放入模具中，经蒸、烤、冷冻等方法制成成品，脱模即可。

目前除金属材质的胎模之外，还有纸质胎模、锡箔纸胎模，这种新型胎模具有使用方便、卫生、易脱模、不用回收清洗等特点。

（2）技术要领

1）金属胎模在使用前要涂油或垫纸，以免制品粘连模具，纸质胎模、锡箔纸胎模因其自身具有防粘特性，使用前可不涂油或垫纸。

2）坯料不能装得过满，应根据坯料的具体特性合理把握放入量，给坯料预留足够的胀发空间，以免熟制过程中坯料溢出模具，影响制品形态。

3）糊状坯料熟制前应轻轻震动数下，使坯料中的多余气体排出，以使熟制后的制品内部组织均匀。

4）新的金属模具使用前要涂油烘烤后再用，以利于脱模。使用后要及时清洗，烘干水分，存放备用。清洗时不可用腐蚀性的清洗剂或锐利的清洁工具（如钢刷、钢丝球等）清洗，以免模具表面损伤，不利脱模，影响制品形态。

技能巩固

成品特点　色泽洁白，口感软糯清甜。

皮坯原料　水磨糯米粉 90 克，籼米粉 90 克，澄粉 20 克，糖粉 90 克，牛奶 560 克，色拉油 50 克。

馅心原料 板栗馅 500 克。

制作步骤

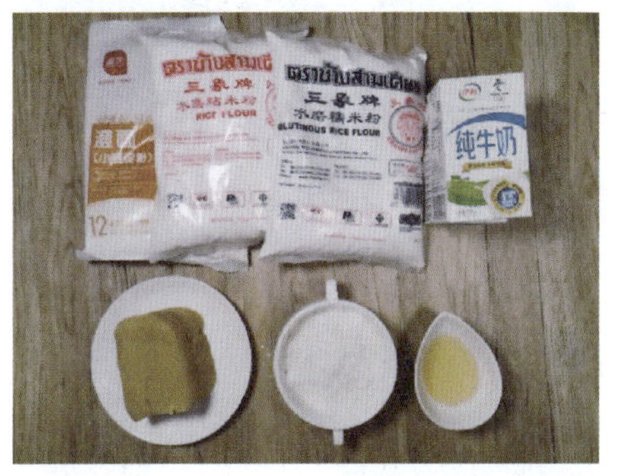

1. 按照原料配比准备好所需原料。

2. 先将牛奶、糖粉、色拉油搅拌均匀，直至糖粉溶化成乳浊液。

3. 将糯米粉、粘米粉、澄粉放入大碗内，将混合液倒入碗内，搅拌均匀成面糊。

4. 将面糊碗封上保鲜膜放入蒸箱蒸制 30 分钟，直至蒸熟、蒸透。

5. 另取 100 克糯米粉在 150 ℃的烤箱中烤制成熟，作为手粉使用。

6. 将蒸制好的面放在案板上揉成光滑均匀的面团。

7. 将面团下成 30 克一个的剂子。

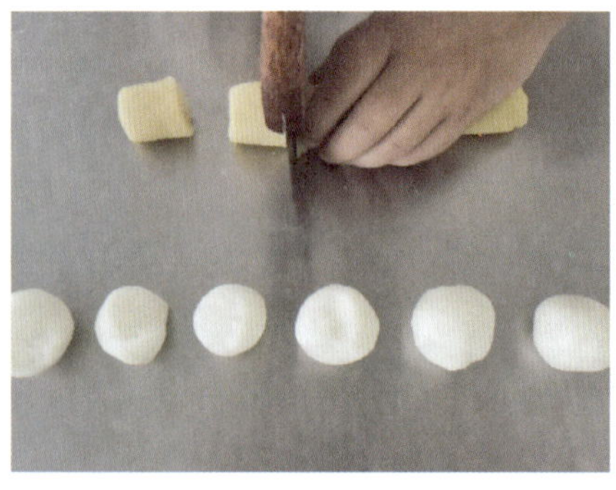

8. 将板栗馅切成 20 克一个的剂子。

9. 将面剂捏成薄皮，馅心包裹其中。

10. 将包好的面剂表面粘适量手粉，放入模具中压成形。

11. 将成形后的成品放入冰箱冷藏 30 分钟。

12. 将成品取出，装盘点缀即可上桌。

技术要领

1. 注意拌粉的比例。
2. 面糊要搅拌至均匀无颗粒。
3. 蒸制时需包上保鲜膜。
4. 揉面时可在手上沾凉水，以免粘手。
5. 包制时收口要严，以免露馅。

技能巩固

蔓越莓饼干

成品特点 口感酥脆，味道香甜。

主要原料 低筋面粉 115 克，蔓越莓干 35 克，绵白糖 60 克，黄油 70 克，鸡蛋 1 个，朗姆酒 50 克。

制作步骤

1. 按照原料配比准备好所需原料。

2. 先在案板上将黄油用擦制法搓制绵软。

3. 再将鸡蛋擦制进黄油中。

4. 将切成黄豆粒大小的蔓越莓干泡在朗姆酒中泡软入味。

5. 将低筋面粉、绵白糖及泡好的蔓越莓干擦制进黄油中，团成面团。

6. 将擦制均匀的面团放入油纸中，用通心槌擀制成厚 4 毫米的面坯，放在冰箱中冷冻 20 分钟。

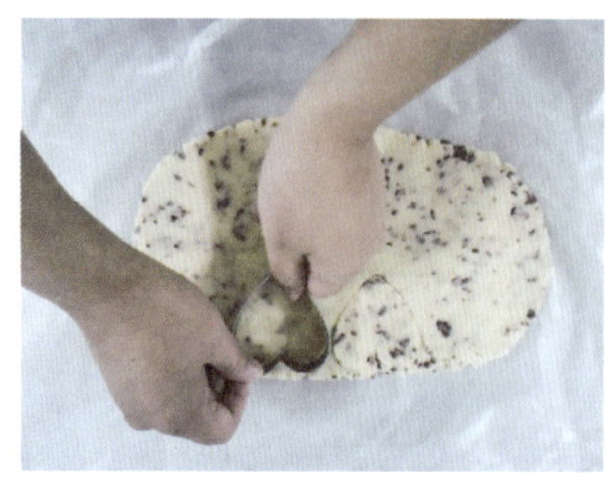

7. 将冷冻好的面坯用心形卡模卡出饼干生坯。

8. 将饼干生坯放入 160 ℃的烤箱中烤 15 分钟，取出装盘点缀即可。

技术要领

1. 黄油要用手擦制柔软。
2. 蔓越莓干要提前用朗姆酒泡软，以免影响口感。
3. 要用擦制法和堆叠法将面调制均匀。
4. 面坯要放入冰箱冷冻后再用卡模卡出形状，以免面团粘连，不易成形。
5. 烤制时要注意火候。

技能巩固

碗托

成品特点 口感爽滑，营养健康。

主要原料 特制面粉 500 克，荞麦面粉 150 克，大蒜 20 克，香菜 15 克，生抽 10 克，陈醋 15 克，辣椒油 10 克，香油 10 克，味精 1 克，盐 1 克，植物油适量。

制作步骤

1. 按照原料配比准备好所需原料，大蒜制成蒜蓉，香菜切末。

2. 将特制面粉和荞麦面粉放入盆中加入适量清水。

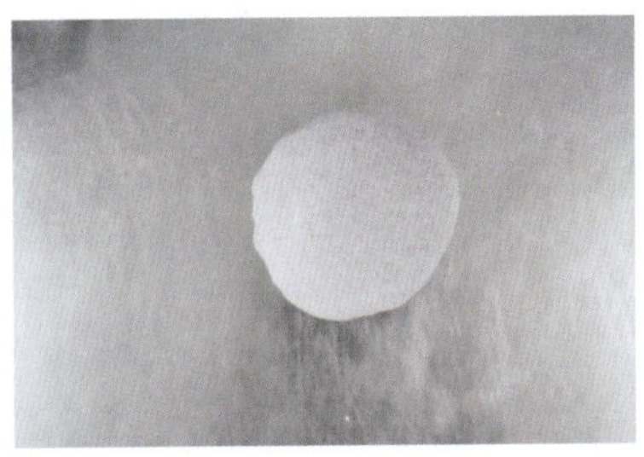

3. 将面粉调制成较软的面团后饧制 20 分钟。

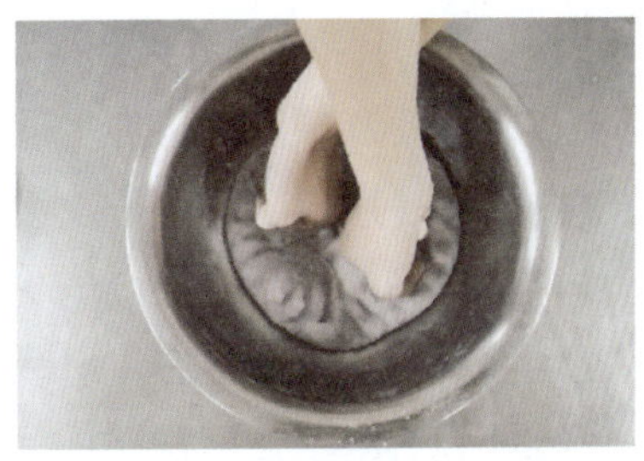

4. 将饧好的面团放入盆中，分多次加入适量清水，用揣制法将面调成面糊。

5. 将调制好的面糊撩起呈一条直线即可。

6. 准备一个敞口大碗，在碗中均匀刷一层植物油。

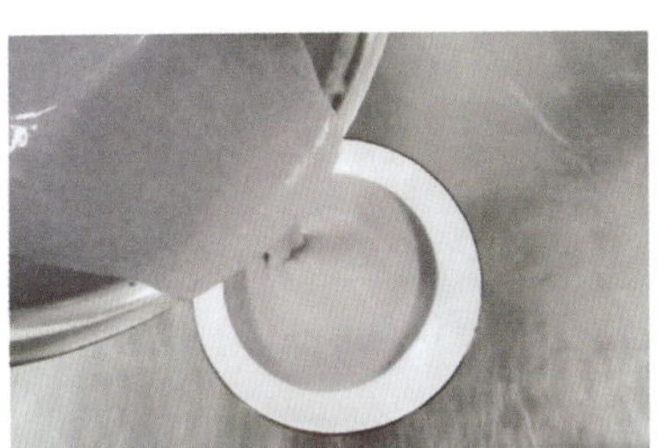

7. 将调好的面糊倒入碗中。

8. 面糊碗封上保鲜膜，放入蒸笼中蒸制 30 分钟。

9. 将蒸好的碗托晾凉取出，用刀切成厚薄均匀的片状，码入碗中。

10. 将蒜蓉、生抽、陈醋、香油、辣椒油、味精、盐调成料汁浇在碗中，放上香菜末即可上桌。

技术要领

1. 要先将面粉和成团后再加水调稀。
2. 碗内要刷一层油，以便于脱模。
3. 碗内的面糊不能太多，以免蒸不透。
4. 蒸制时表面盖上保鲜膜，以免蒸汽滴入。
5. 蒸制成熟后要晾凉，再切片成形。

二、钳花、滚沾、剪、剞

1. 钳花成形

钳花成形是指运用花钳类工具，在包制好的生坯表面钳出各种花纹的成形技法。该技法不仅可以美化面点的形态，还可以丰富面点品种，常用于水调面团、嫩酵面团、米粉面团等制品的制作，如花式蒸饺、钳花包子、船点等。

（1）操作方法

左手托住包制好的生坯，右手持花钳，按制品成形要求，在生坯的相应部位钳出各种花纹图案。

（2）技术要领

1）根据制品的形态要求，选择合适的花钳和钳制方法。

2）包馅制品要注意把握皮馅比例，馅心不宜过多，要包正，以免钳花时露馅。

3）控制好钳花时的深度、力度，以免露馅，影响制品形态。

4）面团软硬适中，可适当偏硬，以免熟制后走形。

2. 滚沾成形

滚沾成形是指在馅料、成形的生坯或成熟的制品表面沾上一层或多层粉料或装饰性辅料的成形技法。该技法工艺较为独特，在实际工作中也较为常用，根据其工艺特点可分为成熟前滚沾（即生滚沾）和成熟后滚沾（即熟滚沾）两种。

（1）操作方法

1）生滚沾：将馅料切成小方块或搓成球形，在成形后的馅料表面均匀喷洒适量水，放入装有粉料的簸箕中，双手握住簸箕两侧匀速摇晃，使馅心通过滚动沾上粉料，拾出馅心，再均匀喷洒上水，放入粉料中滚动，如此反复多次，直至坯料大小符合制品要求为止，节日食品元宵就是运用这种技法成形的。这种技法相对较为传统，劳动强度大、效率低，现已逐渐被机器取代，不仅提高了工作效率，而且也提高了产品质量和产量，更适合批量生产。

此外，还有一些制品，在将生坯包制成球形或饼状后，运用该技法将装饰性辅料沾在生坯表面后再成熟，如麻团、开口笑、单麻酥饼、南瓜饼等。

2）熟滚沾：将成熟后的制品趁热投入装饰性辅料中，通过摇晃盛装辅料的工具（如盆、面筛等）或拨动制品，使制品表面均匀沾上一层辅料，如椰蓉糯米糍、蜜三刀、排叉、三大炮等的制作。

（2）技术要领

1）生滚沾时，加工后的馅料要大小一致，包制成形的生坯不仅要大小一致，而且馅心要包正，以免成熟后露馅。

2）生滚沾时，在馅料或生坯表面喷洒水时要适量且均匀，还可以将生坯放入水中浸湿后捞出，行业中称之为“罩水”。

3）生滚沾成形的生坯要用手轻搓一下，使其表面的原料粘牢，以免熟制时脱落。

4）熟滚沾时，成熟后的制品最好趁热投入辅料中，以使辅料能粘牢。

3. 剪

剪是指用剪刀按制品造型要求，在面点生坯表面加工出相应形态的成形技法。该技法常与包、捏等成形技法配合使用，使制品造型美观、生动逼真，不仅丰富了面点品种，而且给人以美的艺术享受，如兰花饺、刺猬包、海棠酥、各式船点等。

（1）操作方法

左手托住生坯，右手持剪刀，按制品造型要求，在生坯表面剪出相应立体花纹，经适当整理后，熟制即可。

（2）技术要领

1）根据制品造型要求，灵活选择剪刀类型及型号。

2）剪制时，下刀要深浅适度，以免有馅制品露馅，影响形态美观。

3）剪出的花纹要形态自然、栩栩如生。

4. 剞

剞是指用刀在面点生坯表面划割出一定深度的刀口，而不切断生坯，熟制后形成一定花纹的成形技法。

剞刀法是中式烹饪中制作造型菜肴时的一种常用刀法，通常可分为直刀剞和推刀剞两种，难度较大。剞刀法在面点制作中的应用以直刀剞法为主，常与擀、包、卷等技法配合使用，如荷花酥、花篮酥、红枣油花等的制作。

（1）操作方法

将成形后的生坯静置，待其翻硬或面筋松弛后，用刀在生坯表面划割出一定深度的刀口，熟制即可。

（2）技术要领

1）选用薄而锋利的刀具，下刀准确，保证刀口花纹清晰、互不粘连。

2）剞刀深度以制品具体要求而定，如包馅类层酥制品，刀口以“深而不露，深而不透”为准，尤其是油炸制品，剞刀至馅心外有一层面皮即可，以防露馅导致油炸时跑馅，影响成品质量，并污染油质和制品。

3）剞刀要待生坯翻硬或面筋松弛后才能进行，以免刀口粘连。

4）包馅制品的馅心要包匀、包正，以免熟制后形态不美观。

技能巩固

钳花包

- **成品特点** 色泽洁白，造型美观。
- **皮坯原料** 低筋面粉 500 克，酵母粉 10 克，水 250 克，泡打粉 5 克。
- **馅心原料** 板栗馅 200 克。
- **制作步骤**

1. 按照原料配比准备好所需原料。

2. 将面粉过筛后放置案板上开窝。

3. 将泡打粉撒在面粉上，酵母粉在面窝中用水瀁开。

4. 用手将四周的面粉往中间搅拌。

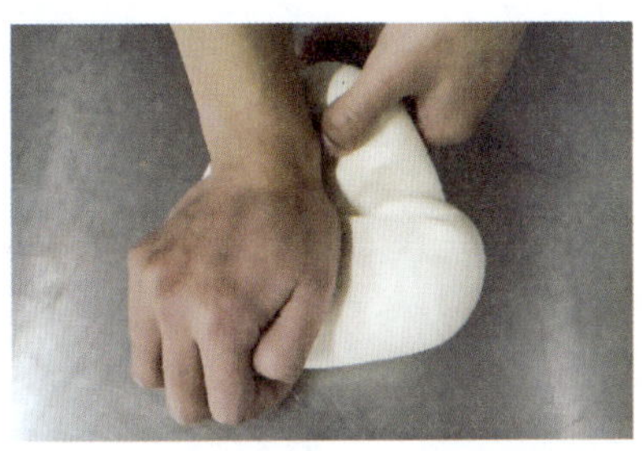

5. 用抄拌的和面手法将面团揉光、揉匀。

6. 用保鲜膜将面团包裹并饧制20分钟。

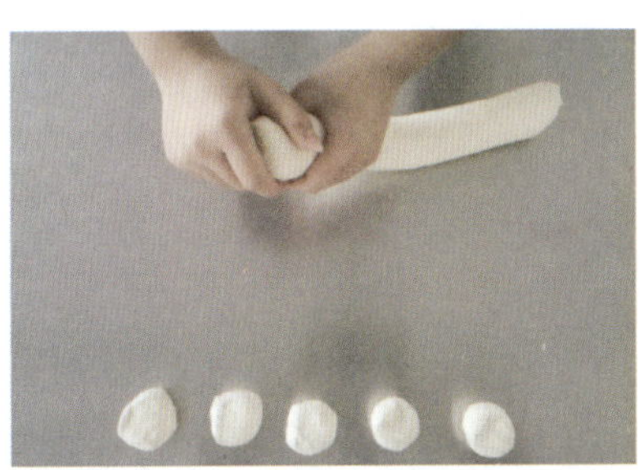

7. 将饧好的面团搓条后下成30克一个的剂子。

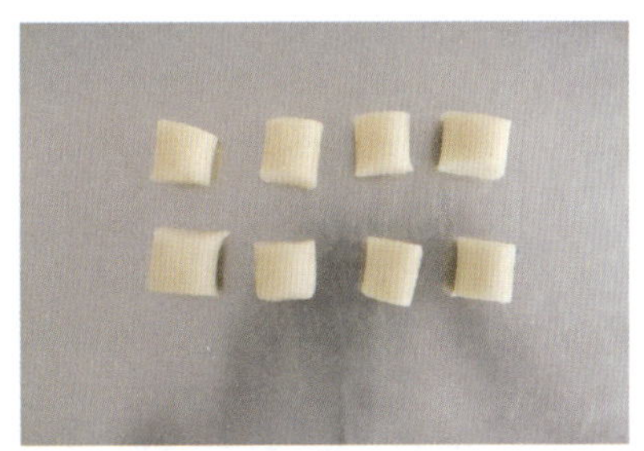

8. 再将馅心切成20克一个的剂子。

9. 将面剂按扁，包入馅心，收口。

10. 将包好的生坯收口朝下，用花钳在顶部钳出花边，即成钳花包生坯。

11. 将生坯静置醒发 20 分钟后放入蒸箱，蒸制 10 分钟即可。

12. 将蒸好的钳花包装饰装盘即可。

技术要领

1. 面粉要提前过面筛。
2. 泡打粉不能直接与水接触。
3. 面团第一次饧面后要反复揉制，排出面团中的气体。
4. 钳花时，收口要朝下。
5. 生坯成形后需静置醒发，使其发酵。

技能巩固

刺猬包

成品特点 形象逼真，制作简单。

皮坯原料 低筋面粉 500 克，酵母粉 10 克，白砂糖 5 克，泡打粉 5 克，温水 250 克。

馅心原料 枣泥馅 200 克。

制作步骤

1. 按照原料配比准备好所需原料，面粉选择低筋面粉。

2. 面粉过筛，去除面粉中的大颗粒。

3. 面粉开窝，将白砂糖、酵母粉放在中间，泡打粉撒在面窝边沿。将 1/3 的温水倒入其中，将酵母粉和白砂糖溶化。

4. 用手将面粉从内侧往中间搅拌，第二次加入 1/3 的温水。

5. 面粉用抄拌法调制成麦穗状，最后一次加入剩余的温水。

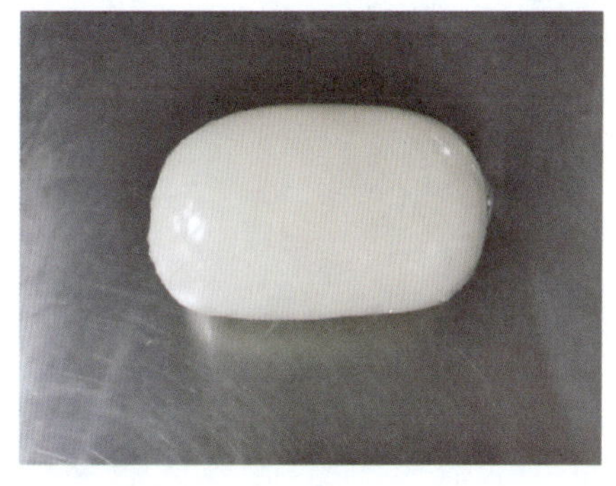

6. 用单手揉的揉面方法，将面反复揉搓成光滑的面团。

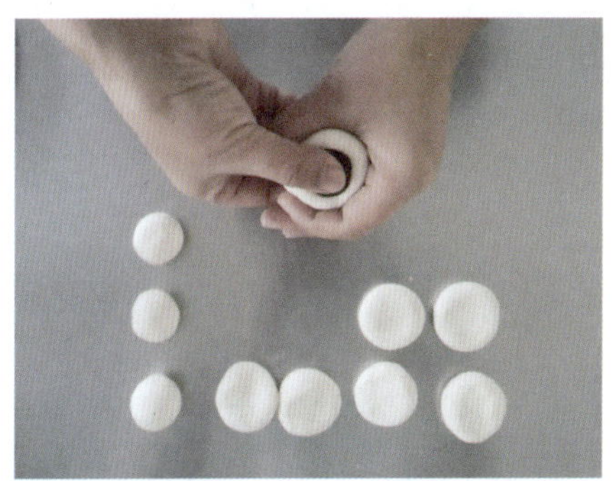

7. 将面团搓条后下成 20 克一个的剂子，按扁，包入馅心。

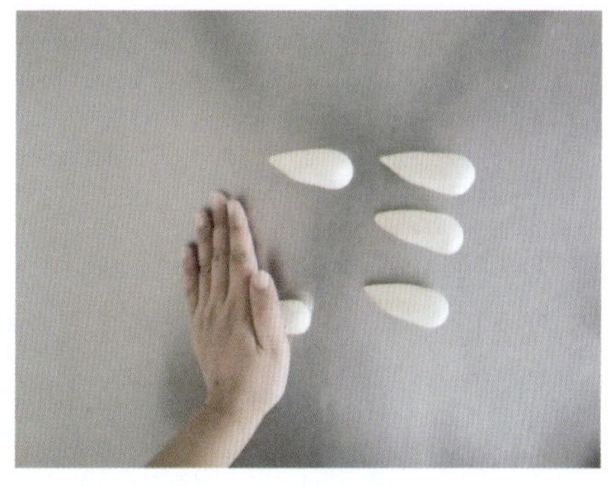

8. 馅心制成 5 克一个的剂子，将馅心包入面剂中，收严口并搓成水滴形。

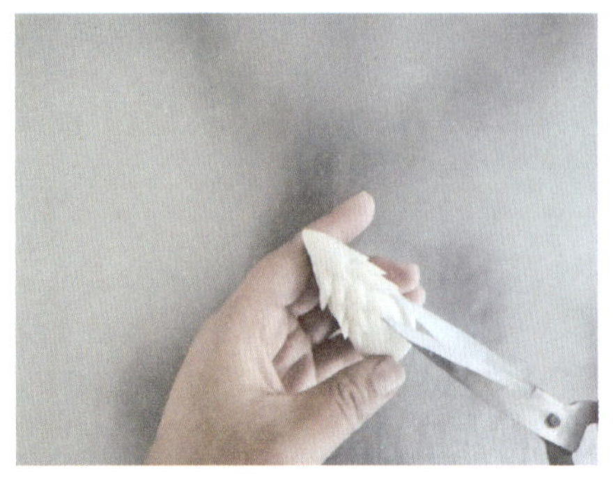

9. 将包裹馅心的面团放在案板上，留出尖处做“刺猬”头部，再用剪刀剪出“刺猬”的刺。

10. 用黑芝麻做“眼睛”，按在尖处“头部”的两侧，即成刺猬包生坯。

11. 将生坯放入醒发箱发酵 20 分钟后，放入蒸箱蒸制 10 分钟。

12. 取出装盘即可。

技术要领

1. 面团软硬要适中。
2. 掌握好发酵时间。
3. 包馅后要将口收紧。
4. 成形时，水滴形要搓的稍细。
5. 剪制时，每次下剪刀的角度要一致。
6. 剪到尾部时，剪刀要顺着面团的弧度向下。

技能巩固

可可元宵

成品特点　香甜可口，香味浓郁。

皮坯原料　糯米粉 250 克，沸水 30 克，冷水 130 克。

馅心原料　面粉 50 克，糖粉 250 克，花生 130 克，瓜子仁 50 克，芝麻 75 克，桂花酱 50 克，可可粉 50 克，青丝 70 克，红丝 70 克，调和油 100 克，香油 70 克，清水适量。

制作步骤

1. 按照原料配比准备好所需原料，面粉、芝麻、花生、瓜子仁分别放入烤箱烤熟。

2. 青丝和红丝分别切碎，混合均匀，装入碗内备用。

3. 熟花生、熟芝麻和熟瓜子仁放入破壁机内搅碎。

4. 将所有馅心原料混合，搓擦均匀。

5. 将馅心切成2厘米见方的正方体。

6. 然后放入笊篱内蘸水。

7. 过水后，将馅心放入糯米粉中来回滚动，使馅心表面沾满糯米粉。

8. 馅心再次蘸水，继续摇滚生坯，使其体积不断膨大。

9. 重复上述操作，连续多次滚动。

10. 最后滚成直径为3.5厘米的圆球，即成生坯。

11. 锅内水烧热下入生坯，加入少许白糖，点水 2 ~ 3 次，煮至生坯浮起。

12. 分盛在汤碗中即可食用。

技术要领

1. 面粉烤熟后要过筛，否则面粉易结块。
2. 白糖宜选用糖粉，以保证馅心的流糖效果。
3. 馅心要大小一致，否则成品大小不一。
4. 馅心蘸水充足，否则糯米粉不易沾裹牢固。

技能巩固

高炉烧饼

成品特点 颜色焦黄，外酥里嫩。

皮坯原料 低筋面粉500克，酵母粉10克，白砂糖10克，泡打粉5克，温水250克，麦芽糖20克，白芝麻50克。

油酥原料 花椒粉10克，食盐5克，香油20克。

制作步骤

1. 按照原料配比准备好所需原料。

2. 面粉过筛后开窝。

3. 加入酵母粉、白砂糖、泡打粉，再加入1/3的温水搅拌均匀。

4. 再将1/3的温水加入面粉中，将面粉抄拌成麦穗状。

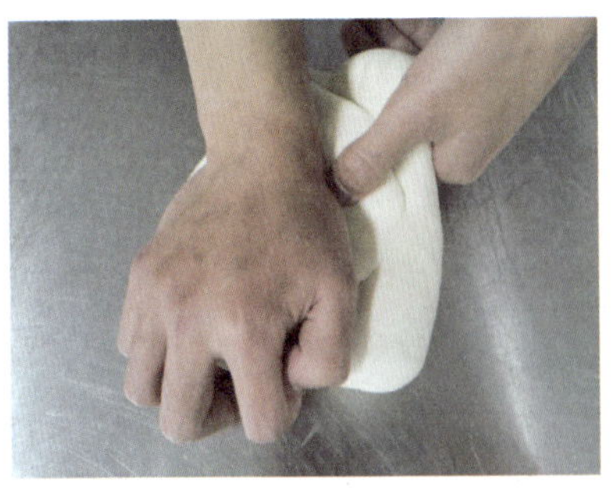

5. 最后加入剩余的温水，将面粉调制成光滑均匀的面团。

6. 将揉好的面团包上保鲜膜饧制30分钟。

7. 将食盐、花椒粉、香油调制成油酥备用。

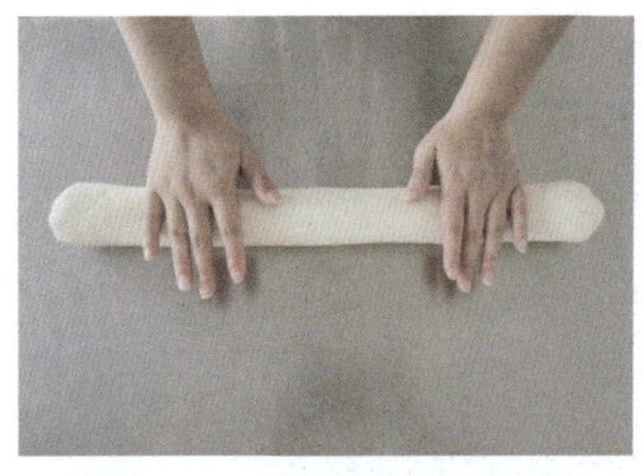

8. 反复揉制饧好的面团，排出里面的气体，再搓成粗细均匀的长条。

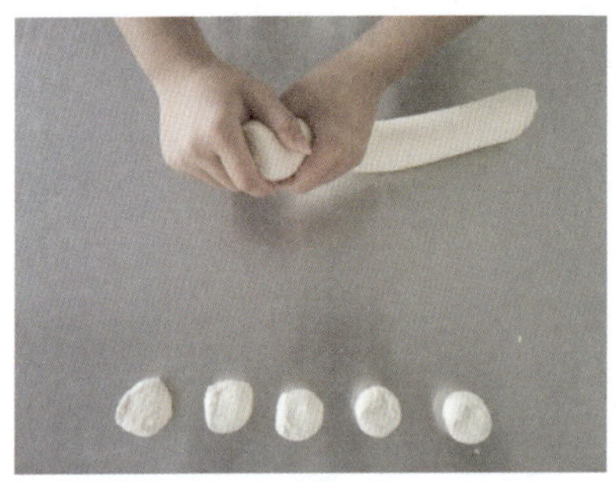

9. 将面团下成 50 克一个的剂子。

10. 将剂子搓圆，揪下收口部分。

11. 将收口部分粘油酥包入剂子中。

12. 将剂子稍稍压扁，用刀在面剂边缘处剞出花刀。

13. 再将剞过花刀的面剂按在用水稀释过的麦芽糖浆中，用手指按压中间部分，将面剂按扁。

14. 将粘了糖浆的面剂放入白芝麻中，即成生坯。

15. 将生坯放入底火 180 ℃、面火 250 ℃的烤箱中烤制 15 分钟左右，即可出炉。

16. 将烤好的高炉烧饼装盘装饰，即可上桌。

技术要领

1. 面团不能过硬，以免制品吃口干硬。
2. 面团醒发后要反复揉制，排出面团内部气体，以免制品表面不平整。
3. 包制油酥面剂时，粘油不能太多，以免收口不严。
4. 在剞花刀前要将剂子稍稍按扁。
5. 烤制时炉温面火要高，这样制品才会外焦里嫩。

第三节　装饰成形

装饰成形是指运用各种装饰手法，将辅料与面点生坯或成品有机结合，对制品起到美化作用的成形技法。该类技法不仅能美化制品，而且还可以增加制品营养，改善制品口味，艺术性较强。中式面点制作中常用的装饰成形技法有镶嵌成形、拼摆成形、铺撒成形和立塑成形等。

一、镶嵌成形

镶嵌成形是指将辅料嵌入制品生坯或与主料拌合制成成品的成形技法，根据具体操作方法不同，可分为直接镶嵌法和间接镶嵌法两种。

直接镶嵌法是指在面点制品生坯表面嵌上辅料的成形技法，如鸳鸯饺、米糕、发面枣糕、花馍等的制作。

间接镶嵌法是指将面点制品主料与辅料拌和在一起，制成成品后表面或截面露出辅料的成形技法，如百果年糕、大发糕等的制作。

1. 操作方法

（1）直接镶嵌法：手托生坯或将生坯置于案板上，用手或借助工具将辅料镶嵌在生坯表面，经加热熟制后，辅料粘连在制品表面。

（2）间接镶嵌法：将面点制品的主料与辅料混合抄拌均匀，调制成面团，经成形、熟制后，辅料与制品融为一体，辅料呈现于成品表面或截面。

2. 技术要领

（1）镶嵌料要具备可食性，色泽能对制品起到美化作用，能对制品口感、营养有改善作用。

（2）镶嵌料一般加工成颗粒状。

（3）镶嵌料的摆放无明确要求，但为了更好地美化制品，一般将镶嵌料拼摆成各种几何图案。

二、拼摆成形

拼摆成形是指将加工成一定形状的辅料在制品的底部或上部有序拼摆成一定图案的成形技法。

该技法应用较为广泛，既可用于生坯造型，如八宝饭、果冻等，也可用于成品造型，如各式特色盖浇米、面的制作，在西式面点制作中应用更为广泛。拼摆原料的选择面较广，如水果、蜜饯、果仁、蔬菜、畜（禽）肉、水产品等。

1. 操作技法

将拼摆原料经选料、初加工、熟处理后，按制品装饰要求加工成相应形状，如水果经洗涤、去皮处理后，加工成各种几何形片状；畜(禽)肉、水产品经选料、初加工、熟处理后，加工成片状或整料拼摆。

将加工成形的辅料按预先设计的图案有序拼摆在制品底部即可。

2. 技术要领

（1）拼摆原料的选择要符合卫生、营养、装饰等多重要求。

（2）拼摆时要突出主料，颜色搭配协调，辅料摆放整齐、有序。

技能巩固

蜜汁八宝饭

成品特点 造型美观，营养丰富。

主要原料 糯米 200 克，花生 20 克，莲子 20 克，蜜枣 20 克，葡糖干 20 克，大枣 10 克，糖桂花 30 克，白砂糖 100 克，土豆淀粉 20 克，清水 250 克，猪油适量。

制作步骤

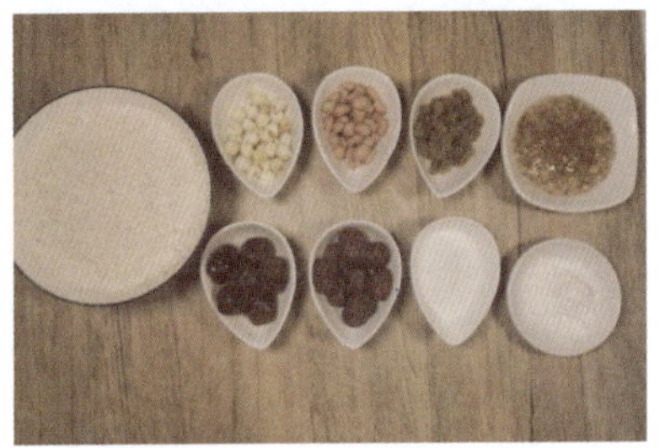

1. 按照原料配比准备好所需原料，将蜜枣切成花生粒大小。

2. 将花生、莲子放在火上煮熟。

3. 糯米加 250 克清水放入蒸箱蒸制 30 分钟。

4. 大枣泡软后用滚刀法将枣核取出，取得整片果肉。

5. 将大枣果肉紧密地包裹在一起。

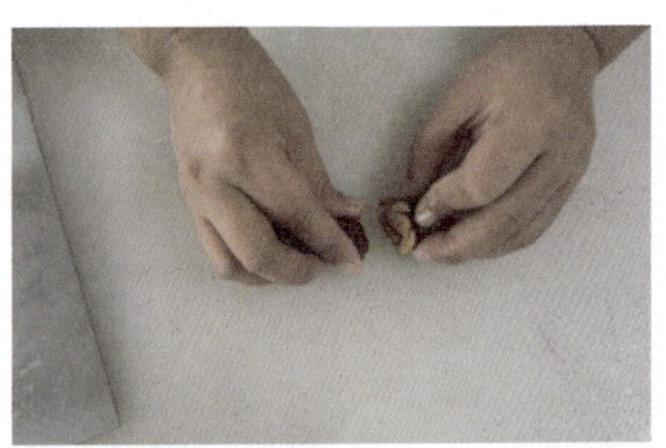

6. 用刀从中间切开即呈现牡丹花的造型。

7. 取一敞口大碗，碗内均匀地抹上一层猪油。

8. 将花生、莲子、葡萄干、蜜枣分别拼摆在碗的四个方向，再将用大枣做的“牡丹花”扣在中间。

9. 在蒸好的糯米中拌入 15 克猪油和 50 克白砂糖，搅拌均匀。

10. 将拌匀的糯米饭盛入拼摆好的碗中。

11. 将糯米饭填好后封上保鲜膜，再在蒸箱中蒸制 20 分钟。

12. 将蒸好的糯米饭倒扣在碗中。

13. 另起锅加水，放入白砂糖和糖桂花，煮沸后勾入水淀粉即成蜜汁。

14. 将蜜汁均匀地淋在八宝饭上即可。

技术要领

1. 大枣要泡软，以便后续加工。
2. 蒸糯米时要注意水与米的比例。
3. 用大枣拼装“牡丹花”时，注意要卷紧。

三、铺撒成形

铺撒成形是指用手或辅助工具将装饰性辅料直接撒在制品表面的成形技法。该技法多用于成熟制品的表面装饰，如萨其马、生煎包、荷花酥等。

1. 操作方法

将铺撒原料加工成粉、颗粒等形状，用手或借助工具（如面筛）将辅料均匀地撒在制品表面即可。

2. 技术要领

（1）铺撒原料加工之后的规格要一致。

（2）铺撒时，辅料应铺撒均匀。

技能巩固

萨其马

成品特点 酥松绵软，香甜可口，香味浓郁。

主要原料 面粉 300 克，鸡蛋 5 个，酵母粉 3 克，食盐 2 克，白糖 175 克，奶粉 15 克，水适量，色拉油（炸油）2 500 克，麦芽糖 100 克，葡萄干 50 克，熟黑芝麻适量，熟瓜子仁适量。

制作步骤

1. 按照原料配比准备好所需原料，面粉选用低筋面粉。

2. 面粉过筛后放在案板上开窝，中间加入奶粉、酵母粉、白糖和鸡蛋。

3. 先将奶粉、酵母粉、白糖和鸡蛋搅拌均匀，再将面粉抄拌成麦穗状。

4. 最后揉成光滑、较软的面团，盖上湿布静置 10 分钟左右。

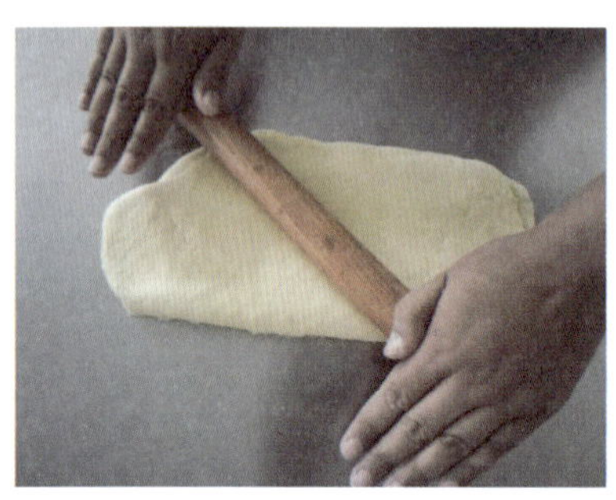

5. 案板上撒少许干面粉，将饧好的面团揉光、揉匀，用擀面杖擀成宽 8 厘米、厚 3 毫米的面片。

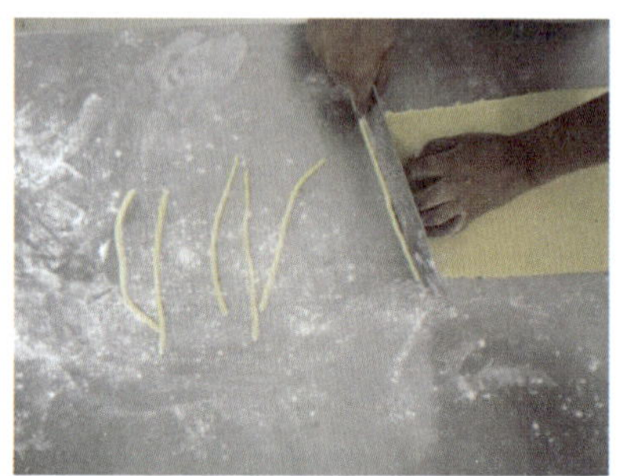

6. 将面片用刀切成宽 3 毫米的条，即成生坯。

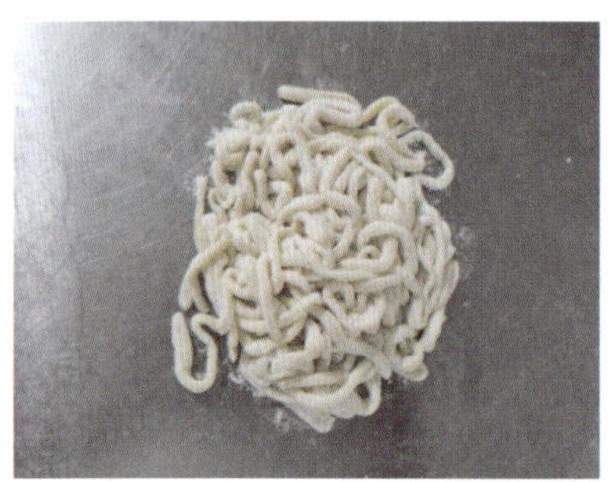

7. 将生坯拌上干面粉备用。

8. 锅置火上加油，待油温升到 100 ℃左右时下入生坯，炸至微微上色即可捞出沥油备用。

9. 另起锅，锅中加入白糖、麦芽糖和水，用小火加热至糖融化后再翻动，熬至用筷子能拉出丝即可。

10. 将葡萄干、熟黑芝麻、熟瓜子仁倒入锅中搅拌均匀。

11. 再将炸好的萨其马半成品倒入锅中，翻拌均匀。

12. 趁热倒入模具中，用铲子稍微压实，使其紧密地粘在一起。

13. 待冷却后脱模。

14. 将成品切块装盘，即可完成制作。

技术要领

1. 面团要软硬适中，太硬会影响成品口感。
2. 切好的面条要粗细一致。
3. 面条切好后要用干面粉拌匀，以免粘连。
4. 炸制时油温不能过高，以免影响制品口感。

5. 熬制糖稀时要控制好时间，以免糖稀黏度不够或熬煳。

6. 在模具上抹油，再将炸好的半成品倒入模具，以免影响脱模。

四、立塑成形

立塑成形是指对面点制品进行立体造型或装饰的成形技法。该技法是面点成形技法的综合体现，多用于特定场合，如活动展台、主题宴会等，既能充分体现面点制作的技术性和艺术性，又能很好地起到烘托气氛的作用。

立塑成形工艺复杂，技术性要求较高，其制品集食用性和观赏性于一体，不同的制品在成形时有不同的做法，总体要求如下：

1. 构思新颖，主题突出。

2. 兼顾艺术性和营养卫生要求。

技能巩固

玉米面发糕

成品特点 质地暄软，清香适口。

主要原料 特制面粉 500 克，玉米面 100 克，酵母粉 7 克，泡打粉 10 克，白砂糖 100 克，玉米粒 200 克，色拉油、果脯碎适量，清水 250 克。

制作步骤

1. 按照原料配比准备好所需原料。

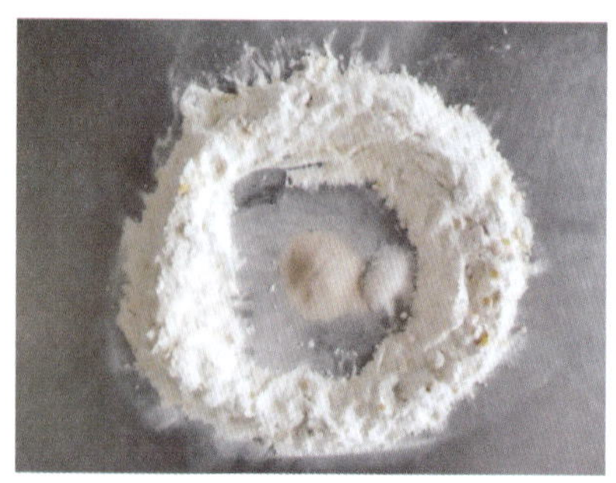

2. 面粉过筛，将玉米面拌入面粉中开窝，加入酵母粉、白砂糖、玉米粒，泡打粉撒在面粉上。

3. 将水分多次加入其中，用抄拌法将面调制均匀。

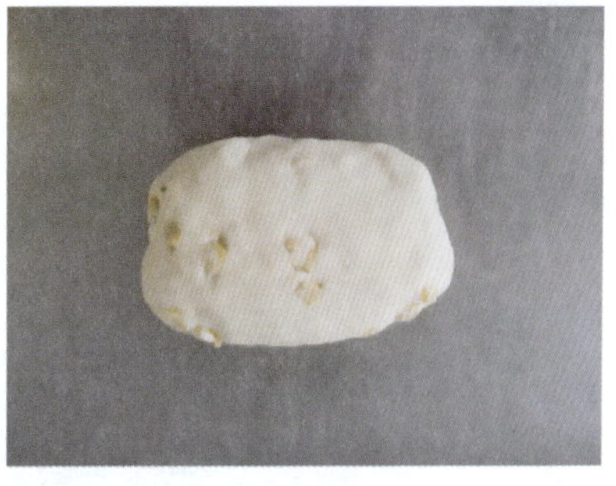

4. 将揉制成团的面团盖上湿布饧制 20 分钟。

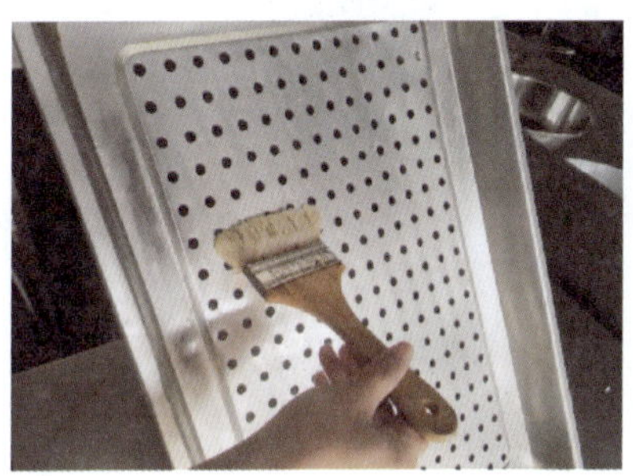

5. 将蒸盘竖起，均匀地刷上色拉油。

6. 将面团擀制成厚 2 厘米的面坯，并将果脯碎镶嵌在面坯表面。将保鲜膜盖在生坯表面饧制 10 分钟。

7. 将饧好的面团放入蒸箱中蒸制 20 分钟即可。

8. 将蒸好的成品取出切块后装盘装饰，即可上桌。

技术要领

1. 和面时要分次加水。
2. 面团调制好后要静置饧面。
3. 制品在蒸制过程中，不能打开蒸箱。
4. 成品要晾凉后再切制成形。

技能巩固

寿桃蛋糕

成品特点 形似仙桃，造型美观，暄软香甜，营养丰富。

皮坯原料 低筋面粉 1 500 克，泡打粉 15 克，酵母粉 15 克，白糖 30 克，红曲粉 6 克，菠菜汁 130 克，温水 650 克。

馅心原料 豆沙馅适量。

制作步骤

1. 按照原料配比准备好所需原料，豆沙馅分成每个 10 克和每个 60 克的馅心，搓圆备用。

2. 将 1 000 克面粉和 10 克泡打粉一同过筛并开窝，加入 10 克酵母粉、20 克白糖和 520 克温水，用掌根搓至无糖粒后将面粉拌入和成白色面团。

3. 将250克面粉和2.5克泡打粉一同过筛并开窝，加入2.5克酵母粉、5克白糖、5克红曲粉和130克温水，用掌根搓至无糖粒后将面粉拌入和成红色面团。

4. 将250克面粉和2.5克泡打粉一同过筛并开窝，加入2.5克酵母粉、5克白糖和130克菠菜汁，用掌根搓至无糖粒后将面粉拌入和成绿色面团。

5. 将三种颜色的面坯揉光滑后，盖上湿布饧制20分钟。

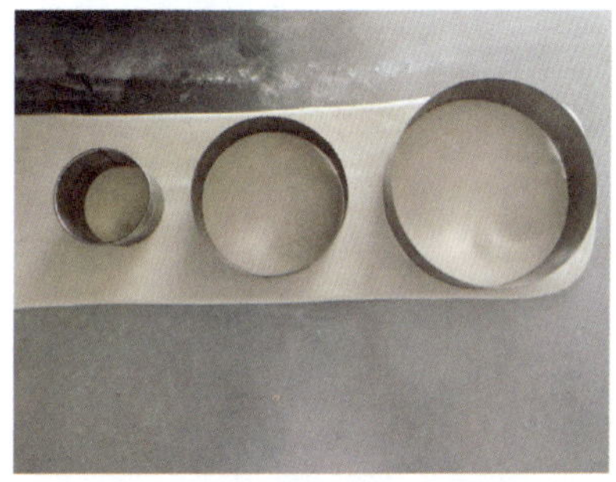

6. 饧好的白色面坯用压面机压光，分别用直径为20厘米、15厘米、8厘米的圆形模具分割开，作为寿桃隔层填充。

7. 将直径为20厘米的圆面坯周围用刮板压出纹路，每隔四条切断为一份，把每份边缘用食指和拇指向中间捏拢，成规则的花边状。

8. 在蒸盘上刷一层薄油，将三种不同大小的圆饼生坯摆入，放置醒发箱中。

9. 取剩余白色面坯，用直径为6厘米的圆形模具分割出25克一个的剂子，再用直径为10厘米的圆形模具分割出80克一个的剂子备用。

10. 用直径6厘米的面皮包入10克豆沙馅，制成小寿桃生坯。再用直径10厘米的面皮包入60克豆沙馅，制成大寿桃生坯。

11. 将做好的生坯收口朝下，修成上尖下圆的水滴形。

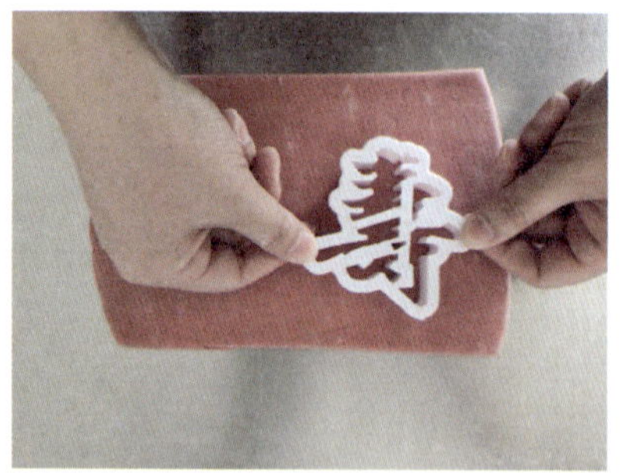

12. 将饧好的红色面坯用压面机压光滑，用寿字模具压出“寿”字生坯备用。

13. 将饧好的绿色面坯用压面机压光，搓成细条，分成每个1克的面剂，先搓成水滴状，再压成柳叶形，并压出叶脉。

14. 用塑胶刮板在小寿桃生坯中间位置压出纹路，两边刷水，将绿叶生坯粘在寿桃两侧。

15. 在大寿桃表面刷上清水，将“寿”字生坯及叶状生坯粘在寿桃生坯上。整齐地摆入刷过油的蒸盘中，放入醒发箱醒发。

16. 将醒发至原体积一倍大的生坯放入蒸箱中，旺火蒸 10 分钟。

17. 在成熟后的寿桃表面趁热喷撒上适量红曲粉。将大号花边圆饼置于底层，周边摆上一圈小寿桃，中间填入中号圆饼，再交错摆入一圈小寿桃。

18. 在第二层中间位置，填入最小号圆饼，顶端摆入最大的寿字寿桃。寿桃蛋糕即制作完成。

技术要领

1. 泡打粉不可与水直接接触。
2. 面坯要软硬适中。
3. 包过馅的生坯应及时修整成寿桃状，避免表面风干。
4. 寿桃顶尖应修高挺，避免醒发成熟后桃尖不明显，形状不相似。
5. 两圈寿桃应交错摆开。

本章小结

本章主要学习面点成形技法的相关概念、种类及应用，各种成形技法的操作方法、技术要领。通过本章学习，能够在掌握相关理论知识和实训技能的基础上，独立完成各种成形技法的操作及相关技能巩固品种的制作，并且具备运用理论知识解决实际问题的能力，同时养成安全、卫生的职业习惯。

思考与练习

1. 如何更好地传承中式面点制作的传统成形技法?
2. 尝试说明传统成形技法的创新思路。

第八章
制品熟制

学习目标

知识目标：

1. 能理解并正确表述熟制方法的概念。

2. 能熟知各种熟制方法的特点及应用。

3. 能归纳总结并熟练表述各种熟制方法的工艺过程、技术要领。

技能目标：

1. 能在教师的指导下熟练完成各种熟制方法的操作。

2. 能灵活运用各种熟制方法的技术要领，发现并解决制品熟制过程中出现的问题。

3. 能独立完成技能巩固品种制作的各工艺环节。

熟制是指运用各种加热方法，使成形后的面点生坯（半成品）成为色、香、味、形、质俱佳的制品的过程，是面点制作过程中最后一道工序，且在面点制作过程中起着决定性的作用。

熟制的目的是使面点生坯或半成品成为卫生、可口、容易消化、利于人体吸收的食品。熟制工艺可以改善面点的色泽，突出成品形态；形成面点质感，提高制品营养价值；保证面点质量，提高制品可食性；增加面点香味，改善制品味道。

面点的成熟方法有很多，通常分为单一成熟法和复合成熟法。常见的单一成熟法有蒸、煮、炸、烤、煎、烙等，复合成熟法是用两种或者两种以上的成熟方法完成的熟制工艺。

第一节　蒸制工艺

蒸制是指将面点制品生坯或半成品放在蒸笼或其他器具中，在常压或高压下利用蒸汽的热传导、对流和压力使制品生坯或半成品成熟的方法。在蒸制各种点心时，应注意掌握火候，一般以旺火蒸制为宜，但也要根据制品的成品要求灵活掌握火力和加热时间。

蒸制成熟的制品具有形态完整、原色原味、口感膨松柔软、馅心鲜嫩多汁、易被人体消化吸收的特点。蒸制成熟法能有效地减少营养素的损失，是最健康的加热成熟方式之一。

蒸制法在面点中运用比较广泛，除了含油脂较多的油酥面团及化学膨松面团外，其他面团均可使用，特别适用于发酵面团制品、热水面团制品、米及米粉面团制品、澄粉面团制品等面点品种的制作。

一、蒸制工艺流程

蒸具加水→生坯入笼→蒸制→出笼→成品。

二、蒸制技术要领

1. 蒸具内水量适当，开水上笼

蒸锅（箱）内的水量要适度，一般以蒸具 6 ~ 8 成满为宜。过多时，水沸腾后会浸湿底笼制品；过少时，产汽不足，影响制品成熟，而且容易烧干。连续蒸制时要经常加水。水量不足时，应添加适量开水。

水必须烧开，以保证蒸汽充足，如水不烧开放入生坯，在水烧开前会产生大量水蒸气，使制品出现塌陷、不膨松、粘牙、夹生等现象。

2. 蒸屉要加垫湿屉布或抹油

蒸屉要加垫湿屉布或抹油，以防止制品成熟后粘笼，也可根据实际需要选择蔬菜叶、荷叶、芦苇叶、芭蕉叶、不粘纸等衬垫。

3. 正确把握摆屉原则

不同口味的品种不能摆放在一起，防止加热过程中串味；不同成熟时间的品种不能摆放在一起，否则易出现生熟不一的现象；发酵面团制品生坯应醒发后摆屉或摆屉后醒发，再行成熟。

由于蒸锅内产生的蒸汽热量和压力是有限的，因此一次成熟数量不能太多，否则会影响生坯受热。一般以 3 ~ 5 层为宜，且每层要按照一定的间隔距离码放整齐，摆放过稀，不能充分利用笼面，摆放过密，制品会相互粘连。

4. 根据制品要求灵活掌握火力

火力需要根据制品要求来调节，由于制品的面团性质、花式品种、体积大小、风味口感等方面的不同，蒸制时的火力和蒸制时间也不同。一般情况下，大多数制品都要求火旺汽足，以保证笼内有足够的蒸汽、温度、湿度和气压。而且中途火力不能减弱或关闭，更不能打开蒸具，确保一次性蒸熟、蒸透。而部分特殊品种，则需根据品种特点和要求来调节火力。

5. 正确把握蒸制时间

由于成熟对象不同，因此蒸制时间需要根据不同制品具体而论。掌握好蒸制时间，可使面点制品色、香、味、形、质、养俱佳。如果蒸制时间过久，制品形态坍塌，色泽变暗无光；蒸制时间不足，制品香味不足，粘牙甚至夹生。一般来说，体大坯厚、组织严密、有馅的品种蒸制时间长；起发、膨松、体积较小、无馅的品种蒸制时间短。

6. 经常换水，保持水质清洁

水分受热沸腾形成水蒸气后向上蒸发，使蒸锅内形成热对流，使制品成熟。但如果水质浑浊或水面因长时间使用形成油污，则会影响蒸汽的形成和气压的上升。此外，浑浊的水质产生的蒸汽也会影响制品的色泽和滋味，因此要保持蒸锅内水质清洁。

技能巩固

佛手包

- **成品特点** 色泽洁白，造型美观，暄软香甜，形态逼真。
- **皮坯原料** 低筋面粉 300 克，泡打粉 3 克，酵母 2 克，白糖 10 克，温水 150 克。
- **馅心原料** 豆沙馅 200 克。
- **制作步骤**

1. 按照原料配比准备好所需原料，豆沙馅分成 20 克一个的剂子，搓圆备用。

2. 面粉过筛并开窝，加入酵母、白糖、泡打粉和温水，用掌根搓至无糖粒后将面粉拌入，和成团。

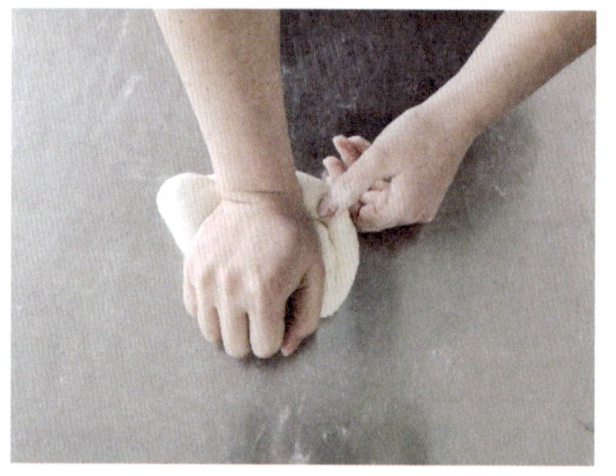

3. 用双手掌根压住面坯，用力向外推动，把面坯揉开，再从外向内卷拢，反复推开、卷拢，将面坯揉匀、揉透，盖上湿布饧制 20 分钟。

4. 饧好的面坯用压面机轧光滑后，由上往下卷成圆柱形，搓条下剂，用擀面杖将剂子擀成直径约 5 厘米的圆皮。

5. 圆皮中包入馅心，用虎口收拢捏严，并搓成长约 6 厘米的椭圆形。

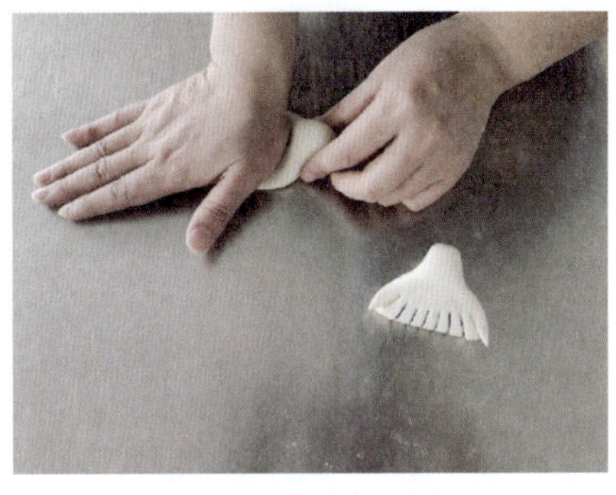

6. 将生坯交口朝下，沾少许干面粉，在 2/3 处按扁成铲刀状。

7. 用刀片在按扁处切 8 ~ 10 刀，第一刀和最后一刀完全切断，中间用刀片划出刀口，不切断，露出馅心即可。

8. 将中间“手指”向反面弯曲，贴在反面粘牢，呈弓起状，“拇指”和“小指”则无变化。

9. 在“手指”另一端，用手稍捏细、修形，并用刮板压出两道印痕。

10. 将做好的生坯摆入刷过油的蒸盘中，放入醒发箱二次醒发 20 分钟左右。

11. 将生坯放入蒸箱中，足汽蒸 6 分钟。

12. 蒸制时间到后关火，焖1分钟左右，再打开蒸箱，取出佛手包点缀即可。

技术要领

1. 酵母要根据气候的变化适当增减。
2. 面坯要求软硬适中。
3. 醒发好的面坯用压面机轧光滑后再操作，可使成品质量更佳。
4. 面剂不要太大，否则会导致成品蒸熟后形态不符。
5. 蒸制过程中不可打开蒸箱门，要一次性足汽蒸熟。

第二节　煮制工艺

煮制是指把制作好的面点生坯投入沸腾的水锅或汤汁锅中，以水为传热介质，通过传导和对流两种传热方式使制品成熟的一种熟制方法。煮制法是最常用的成熟方法之一，常用于冷水面团、米粉面团、杂粮面团制品和各种汤羹的成熟。

煮制品根据成品的特点又分为出水煮成熟和带水煮成熟两种。

一、出水煮成熟

出水煮成熟法主要运用于面点半成品的成熟，如面条、水饺等。

1. 出水煮工艺流程

沸水→下坯→点水→成熟。

2. 出水煮技术要领

（1）沸水下锅，防止水解

要做到沸水下锅，使生坯表面蛋白质迅速变性、凝固定形，缩短加热时间，避免大量水解。

（2）水量要大，掌握下坯数量

出水煮制法水量的多少，直接影响生坯的受热和成品的质量。煮制时水量要比制品多出十余倍，即行业所说的“水宽”，这样能使面点生坯在加热的过程中有翻滚的余地，使生坯受热均匀、不粘连、不浑汤，制品爽滑利落。

（3）水要保持“沸而不腾”状态

生坯下锅后，火力不能减小，否则成品口感不爽，质量降低。但如果火力保持旺盛，水面会保持热腾状态，制品在水中翻腾、相互碰撞，易出现破皮漏馅现象。因此，水沸后要保持水面“沸而不腾”，即采用点水方法，在水沸腾后加入适量冷水，这样既可以减少水流对面点生坯的冲击，也可以避免制品相互之间的过度碰撞，而且能使糊化后的制品突然遇冷，形成光亮有筋的表面。一般来说，点水次数要根据面点制品的性质和特点灵活掌握，通常以 2 ~ 3 次为宜。

（4）正确掌握煮制时间

煮制时间根据制品的特性来掌握。制品一旦成熟应立即出锅，煮制时间过长会影响成品形状及口感，过早出锅又会出现夹生现象，因此要严格控制出锅时机。

3. 出水煮制品特点

（1）成品吃口爽滑筋道，能保持原料原有的风味。

（2）有利于除去半成品皮坯中添加物的异味，如碱味、盐味。

（3）有利于灵活变化口味特色，适用性广。

二、带水煮成熟

带水煮是指将原料按照成品的要求与清水或者汤汁一同放入锅内煮制的一种成熟方法，如汤羹类。

1. 带水煮工艺流程

生坯或半成品→入锅→成熟→出锅。

2. 带水煮技术要领

（1）根据制品特点，选择水煮方法

带水煮根据原料特点和制品要求，有先煮汤汁再下原料的，也有将汤汁连同主、配料一起或分步骤放入锅中煮的。

（2）灵活掌握火候

根据制品要求，选择不同的火候。冷水煮的，一般先用大火烧开，再用小火焖烂煮熟；开水下锅的，一般要求用大火。

（3）用水适量，恰到好处

带水煮必须掌握好用水量，水多了味道不醇厚，水少了则失去带水煮的特色。

3. 带水煮制品特点

（1）汤汁入味，质地浓厚。

（2）使主、辅料的各种口味融为一体，形成特殊风味。

技能巩固

皮蛋瘦肉粥

◆ **成品特点** 质地黏稠，饱腹暖胃，皮蛋滑弹，瘦肉滑嫩，咸鲜适中。

◆ **主要原料** 大米 100 克，皮蛋 1 个，猪里脊肉 30 克，姜适量，香葱适量，盐 3 克，胡椒粉 1 克，鸡精 1 克，花生油 3 克。

◆ **制作步骤**

1. 按照原料配比准备好所需原料，大米洗净拌入花生油，香葱切成葱花备用。

2. 姜切成细丝泡入水中，里脊肉切薄片、皮蛋切丁备用。

3. 在肉片中加入胡椒粉、鸡精和适量盐，搅拌均匀腌制。

4. 锅中加 800 克水煮沸，下入大米搅拌，当水再次沸腾时调小火慢熬。

5. 将粥煮至黏稠，加入少许胡椒粉、鸡精和盐调味。

6. 再加入肉片和姜丝，将肉片煮至颜色变白。

7. 最后加入皮蛋丁，煮制 3 分钟左右关火。

8. 撒上少许香葱点缀，一碗质地黏稠、香浓顺滑的皮蛋瘦肉粥即制作完成。

技术要领

1. 肉片要切得薄厚均匀。
2. 皮蛋要选用无铅皮蛋，安全健康。
3. 水烧沸腾后再下入大米。
4. 煮粥要大火烧开、小火熬煮。
5. 煮制过程中需勤搅动，避免煳底。

第三节 煎制工艺

煎制是指将面点制品生坯放入煎锅中，利用金属锅底、油脂或蒸汽的传热使制品成熟的熟制方法。煎制工艺用油量较少，操作简单，应用范围较广，如水调面团、生物膨松面团、米及米粉面团、杂粮面团制品的熟制。根据制品熟制要求不同，煎制可分为油煎、水油煎和煎炸三种。

一、油煎工艺

平锅置火上，烧热，加入少量油脂，并将油脂均匀布满锅底，下入制品生坯，煎至两面金黄、熟透即可。制品具有色泽金黄、外焦里嫩的特点，如葱油饼、馅饼等。

1. 油煎工艺流程

平锅烧热→加入油脂→下坯→翻坯→成熟。

2. 油煎技术要领

（1）投放生坯时，应将平锅端离火位，从锅体四周向中间顺序摆放，以免锅体温度不均，造成生坯上色不匀。

（2）调控好煎制火力，一般以中小火为宜，油温控制在六成左右。

（3）煎制时，要通过经常转动锅体或移动生坯位置，达到生坯受热均匀、成熟一致的目的。

二、水油煎工艺

平锅置火上，烧热，加入少量油脂，并将油脂均匀布满锅底，下入制品生坯，待制品生坯底部呈淡黄色时，向锅内加入适量清水或粉浆（面粉、淀粉与水调制而成），盖上锅盖，煎、焖成熟即可。制品具有底部金黄、上部柔软、油光鲜亮、酥软可口的特点，如生煎包、锅贴等。

1. 水油煎工艺流程

平锅烧热→加入油脂→下坯→加水 / 粉浆→成熟。

2. 水油煎技术要领

（1）调控好煎制火力，煎制生坯时以中小火为宜，加水（粉浆）后应中火加热，以便产生足量的水蒸气，辅助制品成熟。

（2）加水（粉浆）后，立即盖上锅盖，在煎制过程中要经常移动锅位，使生坯受热均匀、成熟一致。

（3）准确判断制品出锅时机，待水分即将蒸发干时，打开锅盖，沿锅体边沿淋入少量油，转动锅体，出锅。

三、煎炸工艺

平锅置火上，烧热，加入少量油脂，并将油脂均匀布满锅底，下入制品生坯，煎至两面金黄，加入油脂将生坯内部炸透、炸熟即可。制品具有层次清晰、外酥里嫩的特点，如牛肉焦饼、萝卜丝饼等。

1. 煎炸工艺流程

平锅烧热→加入油脂→下坯→加入油脂→成熟。

2. 煎炸技术要领

（1）加油量不可超过制品厚度的一半。

（2）调控好煎制火力，煎制生坯时以中小火为宜，加入油脂炸制时改中火加热，如火力过小，油温低，制品易吃油；火力过大，油温高，制品易焦煳。

（3）制品生坯煎至两面金黄时，再次炸制。

技能巩固

煎卷子

成品特点　底部焦黄，口味咸香，葱香浓郁，层次分明。

皮坯原料　低筋面粉 200 克，温水 100 克，酵母 2 克，白糖 5 克，香葱适量，植物油适量。

制作步骤

1. 按照原料配比准备好所需原料，面粉提前过筛，香葱切葱花备用。

2. 面粉开窝，中间加入酵母、白糖和温水，用掌根搓至无糖粒后将面粉拌入，抄拌成麦穗状。

3. 再次淋上少许温水，将面坯揉成团，表面抹上一层清水，盖上碗饧制 20 分钟。

4. 饧好的面坯用压面机轧光滑，轧成长方形，撒上少许干面粉，用通心槌擀成长 55 厘米、宽 35 厘米的长方形面片。

5. 在面片表面均匀地刷上一层薄油。

6. 再均匀地撒葱花。

7. 由上向下，将面片叠成宽度为 3 厘米左右的长剂条。

8. 用刀从左至右将面剂切成 2 厘米宽的剂子。

9. 在两个剂子的中间位置用竹签压出凹痕。

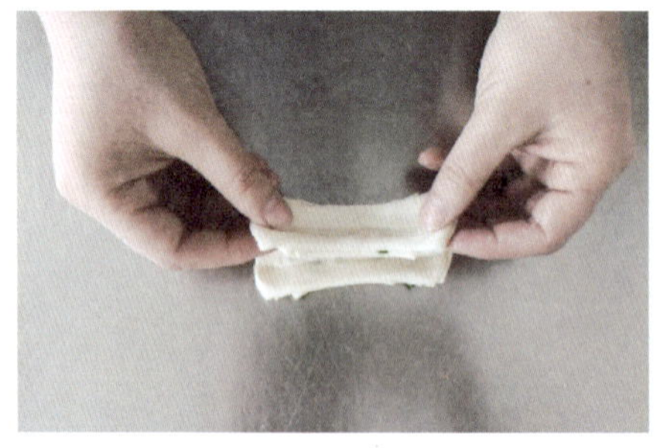

10. 将剂子拉长，两个剂子叠压在一起，再次用竹签在中间位置压出凹痕。

11. 左右手配合，朝相反方向扭出花卷层次。

12. 依次做好后，将生坯放在刷过油的蒸盘上，放入醒发箱醒发 15 分钟。

13. 平锅中倒入少许油，调小火，将醒发好的生坯依次摆入，煎至底部微黄。

14. 顺锅边倒入清水，水量在生坯1/3位置，随即盖上锅盖，调中火。

15. 水油煎至生坯体积变大，水分几乎收干，水炸声较弱时再开盖收干水分。

16. 再次淋入少许油，煎1～2分钟后，铲出卷子进行摆盘即制作完成。

技术要领

1. 面坯刷过油后，也可撒上些许盐、五香粉等丰富口味。

2. 摆入生坯时，火候要小，避免底部煎制得色泽不均。

3. 水要一次性加入，不可中途再加水。

4. 直至水分快收干方可打开锅盖，中途不可打开。

5. 准确判断制品的成熟情况，锅内水炸声若强烈，不可打开，当水炸声减小，或无水炸声时，再打开锅盖。

第四节　炸制工艺

炸制是指将成形的面点生坯投入已加热到一定温度的油内，利用油脂的传导和对流传递热量使制品成熟的熟制方法，其中传导方式为主，对流方式为辅。炸制适用于几乎所有的面团制品，特别是油酥面团、化学膨松面团、米及米粉面团、薯类面团制品等。

经高温炸制的面点成品有色泽金黄，质地香、酥、松、脆等特点。面点在炸制过程中也会渗入油脂，不仅增加了营养，还会有油脂特殊的香味。

一、炸制工艺流程

锅内加油烧热→投入生坯→炸制→出锅沥油→成品。

二、炸制技术要领

1. 根据制品要求选择不同性质的油脂（植物油或动物油脂）

一般炸制酥点时宜选用猪油，炸制米制品或水调面团制品时宜选用植物油，以更好地达到制品对色泽和口感的要求。

2. 熟知并灵活选择油温

行业中习惯将“成”作为衡量油温高低的单位，一般每成油温对应的温度约为

30 ℃。在运用炸制方法时，通常将油温分为以下几种，低油温：90 ~ 120 ℃（三四成油温），中油温：120 ~ 150 ℃（四五成油温），热油温：150 ~ 180 ℃（五六成油温）和高热油温：180 ~ 210 ℃（六七成油温），炸制面点制品时一般多采用中油温和热油温。

3. 注意用油量与生坯的比例

为使生坯在炸制时有充分的活动空间，保证制品形态以及成熟后的色泽和口感，炸制用油量必须是生坯的几倍至十几倍。

4. 调控火力，把控油温

油温的高低直接影响制品的成熟质量，油温低了，制品不酥脆，色泽暗淡，吃油量大；油温高了，制品易焦煳、夹生。可以通过以下方式把控油温，保证制品成熟效果：油温过低时，应加大火力或减少生坯投放量；油温过高时，可采取调小火力、将锅端离火位、添加冷油、加大生坯投放量等方法。

5. 控制炸制时间

炸制时间长短对制品的质量影响很大，时间不够，制品油腻、塌软、外焦内不熟；时间过长，制品焦煳、质地干硬、口感粗老。制品炸制时间应根据制品原料、生坯个体大小、面团种类等因素决定，因此，对不同的品种要灵活掌握炸制时间。

6. 保持油质清洁

油脂经高温反复加热后会产生老化现象，色泽变暗、浓度变稠、泡沫增多、发烟点下降、口感变差、营养价值降低的同时还会产生大量危害人体健康的有毒物质。因此，炸制时要保持油质清洁，及时清除油中杂质，并随时补入或更换新油，确保炸制成品质量。

技能巩固

糖糕

- **成品特点** 色泽金黄，皮酥肉嫩。
- **皮坯原料** 面粉 160 克，沸水 300 克，植物油 20 克。
- **馅心原料** 面粉 10 克，白糖 60 克，盐 3 克，黑芝麻适量。

制作步骤

1. 按照原料配比准备好所需原料，面粉过筛，黑芝麻、馅心面粉提前炒熟晾凉备用。

2. 盆中放入300克水烧沸，调小火，将面粉倒入沸水中。

3. 快速搅拌至面粉与水充分融合、无颗粒、无干粉，关火。

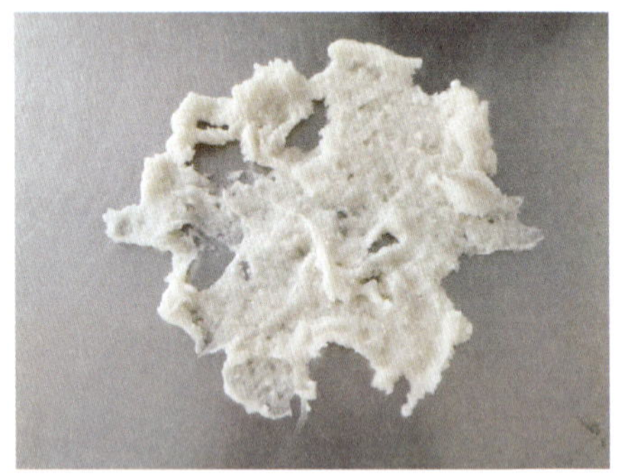

4. 将烫过的面坯取出，置于案板上摊开晾凉，散尽水汽。

5. 在晾凉的面坯中分次加入植物油，将油充分揉进面坯中，反复揉搓至面团内部细腻，饧制备用。

6. 将熟面粉、白糖、盐、黑芝麻倒入碗中，拌匀成馅心。

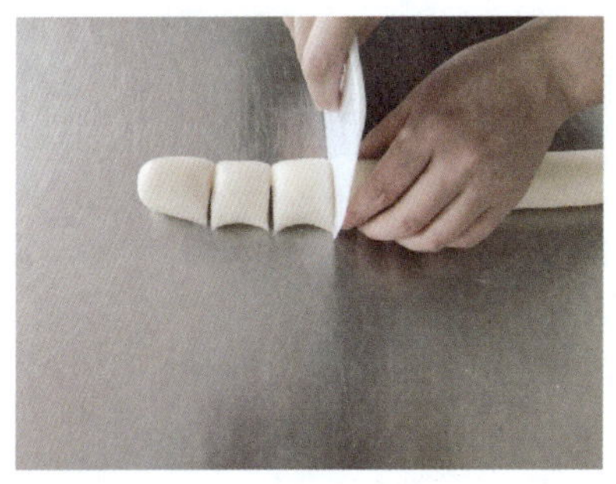

7. 把饧好的面坯搓成长条，用刮板切成40克一个的剂子。

8. 将剂子放在手心搓圆，拇指在内，捏成窝状。

9. 在面窝中填入10克左右的馅心。

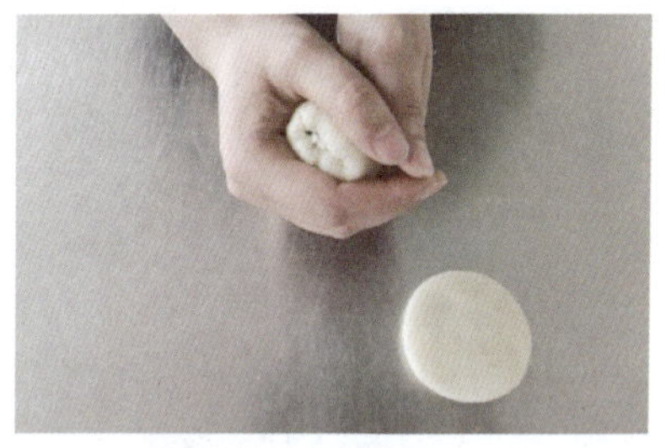

10. 用虎口收拢封严，按压成直径约6厘米的圆形生坯。

11. 锅中加油，烧至五成热，下入生坯。

12. 糖糕漂起后及时翻面炸制。

13. 炸至两面金黄后捞出关火，放在吸油纸上吸油。

14. 将吸过油的糖糕进行摆盘装饰即可。

技术要领

1. 烫面前水量要称准。

2. 水沸腾后调小火，再倒入面粉充分搅拌，使淀粉充分糊化、产生黏性，使蛋白质变性。

3. 加水搅匀后要散尽热气，否则热气郁积在面团中会导致面团稀软，不易操作。

4. 用油量要适中，使生坯完整浸在油脂中。

5. 炸制过程中要经常翻动生坯，使生坯受热均匀。

6. 掌握好油炸时间，准确判断制品成熟度，避免表面焦煳。

7. 炸油要保证清洁，炸油不清洁，会影响热量的传递或污染制品，使制品色泽灰暗，不易成熟。

第五节　烙制工艺

烙制就是将成形的面点生坯放入平锅中，利用金属介质传热使制品成熟的熟制方法，主要适用于水调面团、发酵面团、米粉面团等制品，特别适用于各种饼的熟制，制品大多具有外香脆、内柔软，色泽金黄的特点。

根据不同制品的需要，烙制工艺分为干烙、油烙和水烙三种。

一、干烙

干烙是指将面点生坯直接放入平锅中加热至成熟的方法，不刷油，不洒水。操作方法是将平锅置火上加热，放入生坯，正反两面烙至金黄色即可。适合干烙的制品有烧饼、锅盔、春饼等，制品具有皮面香脆、内部柔软、色泽金黄、筋韧、富有嚼劲的特点。

1. 干烙工艺过程

平锅烧热→下入生坯→烙制→成熟。

2. 干烙技术要领

（1）干烙的制品不宜太厚，否则内部不易成熟。

（2）烙制火力不宜过大，中厚饼类宜用中火，带馅饼类宜用小火。

（3）经常转动锅体或移动生坯，使制品受热均匀。

二、油烙

油烙的烙制方法与干烙基本相似，不同的是要在锅底和制品表面刷油。操作方法是将平锅置火上加热，在锅底抹一层薄油，放入生坯，烙至浅黄色翻面，在制品表面刷少许油，继续烙制，每翻面一次，刷一次油，直至制品成熟。油烙适合的制品有烫面大饼、盘丝饼等，制品具有外香酥、内柔软的特点。

1. 油烙工艺流程

平锅加热→抹油→下入生坯→翻面刷油→成熟。

2. 油烙技术要领

（1）在锅底或制品表面刷油时，油量要少。

（2）生坯每翻面一次要刷一次油，直至成熟。

三、水烙

水烙是利用锅具和蒸汽联合传热使制品成熟的方法。操作方法是运用干烙的方法先将制品生坯的一面烙至金黄色，洒少许水，盖上锅盖，边烙边焖，直至制品成熟。适合水烙的制品有酵面大饼、锅饼等，制品具有一面柔软松嫩、一面香脆可口的特点。

1. 水烙工艺过程

平锅烧热→下入生坯→烙制→洒水→烙、焖→成熟。

2. 水烙技术要领

（1）生坯只烙一面，且不刷油。

（2）分次洒水，直至制品成熟，不可一次洒水过多，否则制品易散烂。

（3）洒水后立即盖上锅盖，以便产生足量的水蒸气，辅助制品成熟。

技能巩固

杂粮饼

成品特点 软香适口，营养健康。

主要原料 面粉 50 克，高粱粉 15 克，玉米面 20 克，绿豆面 20 克，盐 3 克，五香粉 1 克，鸡蛋 1 个。

制作步骤

1. 按照原料配比准备好所需原料，各种粉料提前过筛。

2. 在粉料中分次加入清水，倒入蛋液，用蛋抽搅拌成可流动的稀糊状。

3. 在面糊中加入盐和五香粉调味，并搅拌均匀，饧制 10 分钟左右。

4. 锅置火上，开中火，预热后，在中间倒入一勺面糊，手握锅柄，将面糊顺时针旋转摊匀。

5. 待表面明显凝固、呈微黄色时翻面烙制成熟。

6. 用长筷将饼坯卷紧，卷成圆筒状。

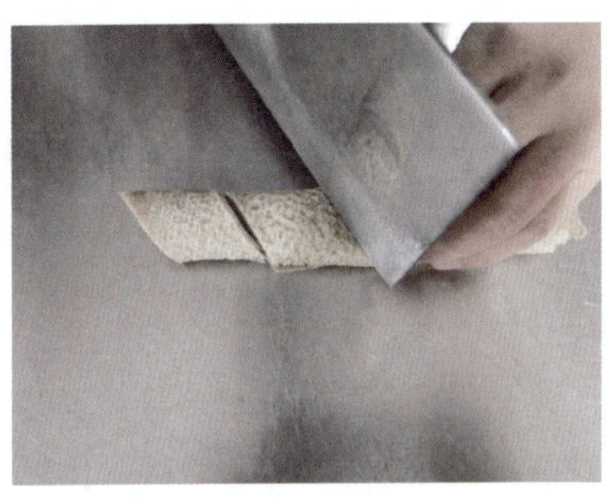

7. 用刀将饼坯两端修整后，斜切成宽 2 厘米的段。

8. 将杂粮饼进行摆盘，配以咸菜、辣椒油一同上桌即可。

技术要领

1. 粉料需提前过筛，可使成品更加细腻。
2. 面糊搅拌至无颗粒后，可饧制 10 分钟左右，使水与粉料结合更充分。
3. 调制面糊时，可加入适量鸡蛋液，以丰富成品口感，增加营养。
4. 掌握好锅内温度，温度低，烙制后的制品易干裂、干硬，且色泽欠佳。
5. 饼坯两面一定要烙至微黄色，略带“面花斑”，这样成品口感更佳。

第六节 烤制工艺

烤制又称烘烤、焙烤，是指将成形的面点生坯放入烤炉中或贴在烤炉内壁上，利用烤炉内的高温使生坯成熟的熟制方法。烤制工艺热量传递的方式是传导、辐射和对流三种，成品具有色泽艳丽、形态美观、质地或香酥或柔软、含水量少、耐储存的特点，主要适用于膨松面团、油酥面团等制品的熟制，如饼类、酥点等。

烤制工艺根据热能来源可分为明火烘烤和电烤两种。

明火烘烤主要是以煤、木炭、燃油、煤气、天然气等能源的燃烧所产生的热量使面点生坯成熟的熟制方法。该工艺常用的炉具有吊炉、缸炉、箱炉等，成品具有浓郁的地方特色，主要适用于一些地方特色品种的制作，如高炉烧饼、馕等。操作方法相对比较复杂，需要长期的实践，积累丰富的经验，才能熟练操作，保证成品质量。此外，明火烘烤还会对制品造成一定的污染，随着人们对食品卫生方面要求的不断提高，以及烘烤设备的不断更新，电烤已经逐渐取代明火烘烤。

电烤使用的炉具是以电能为能源的烤箱，具有操作简单、干净卫生、效率高、耗能少、成品质量好的特点。本书以电烤为主要学习内容。

一、烤制工艺流程

烤箱预热→生坯入炉→烤制→出炉→成品。

二、烤制技术要领

1. 熟知并灵活选择炉温和火型

烤制工艺的炉温和火型有以下四种，即低温（微火）：100 ～ 150 ℃，中温（小火）：150 ～ 180 ℃，中高温（中火）：180 ～ 220 ℃，高温（旺火）：220 ～ 270 ℃，要根据不同制品的要求灵活选择。

2. 注意生坯摆放间距和数量

烤盘要清洗干净，擦干或放入烤箱烘干水分，根据制品要求刷油（或不刷油）备用。

生坯的摆放间距和数量直接影响炉温的高低和炉内湿度，进而影响成品质量。生坯摆放间距过大，数量过少，不利于热能的充分利用，易造成炉内湿度小，热量过于集中在生坯上，使制品表面粗糙、色泽灰暗甚至焦煳；生坯摆放间距过小，数量过多，不利于生坯胀发、膨大，甚至相互粘连，影响造型。

3. 调控烘烤火力

炉温的高低是通过调节上、下火来实现的。

上火又称面火，主要通过辐射和对流传递热量，对制品起定形和上色作用。如上火过大，易造成生坯过早定形，进而限制下火的向上鼓动作用，导致生坯膨胀不够，并且易使生坯表面上色过快，制品外焦内生；如上火过小，生坯上色缓慢，烘烤时间延长，水分损失大，导致制品口感粗糙、干硬。

下火又称底火，有向上的鼓动作用，主要决定制品的膨胀和松发程度，对制品的体积和质量有很大影响。如下火过大，易造成制品底部焦煳，不松发；如下火过小，易造成制品塌陷，成熟缓慢。

上、下火各有作用，相互影响，要根据不同制品的质量要求合理调控。

4. 调节烘烤湿度

烘烤湿度是指炉具内空气和制品生坯蒸发的水分在炉内形成的湿空气的湿润程度，它直接影响制品的外观质量。湿度大，制品上色均匀，不易改变形态；湿度小，制品上色不均匀，易改变形态，而且易造成制品干硬、开裂、无光泽。

一般要求炉内相对湿度以 65% ～ 70% 为宜，通常调节烘烤湿度的方法有以下三种：

（1）用适当盛器装水放入烤炉内，在烘烤过程中水分蒸发，进而达到调节炉内湿度的目的。

（2）减少打开炉门次数，适当关闭（打开）烤炉排气孔，调节炉内湿度。

（3）利用烤炉的调节炉内空气湿度设备，调节炉内湿度。

5. 掌握烘烤时间

烘烤时间要根据烘烤温度、面点制品类型、面坯性质、馅心种类、坯体大小、坯体厚薄等因素来确定。如炉温高、烘烤时间长，易造成制品干硬、焦煳；如炉温高、烘烤时间短，易造成制品外焦内生；如炉温低、烘烤时间短，易造成制品不熟、颜色发暗；如炉温低、烘烤时间长，易造成制品干硬、色泽欠佳。有馅心的品种、模具成形的制品以及生坯大而厚的制品，烘烤时间要长。在实际操作中，需要根据具体情况来确定烤制时间。

6. 操作迅速

烘烤过程中如需调转烤盘方向，要轻拿轻放、迅速操作，制品出炉顺序应遵循先进先出的原则。

技能巩固

紫荆花酥

- **成品特点** 酥香可口，馅心甜软，精致美观。
- **皮坯原料** 面粉 200 克，猪油 30 克，绵白糖 20 克，水 90 克。
- **酥心原料** 面粉 120 克，猪油 60 克。
- **馅心原料** 豆沙馅 100 克。
- **辅助原料** 鸡蛋液适量。
- **制作步骤**

1. 按照原料配比准备好所需原料，面粉过筛，豆沙馅分成 10 克一个的剂子。

2. 面粉开窝，中间加入绵白糖、猪油和清水，用掌根擦至水油完全乳化后，与面粉拌和均匀，和成水油面饧制。

3. 将猪油用掌根擦均匀后，与面粉拌和，用掌根擦透成干油酥，修成薄厚均匀的长方形。

4. 将水油面擀成长方形面片，油酥放在水油面皮上（占半边），将另半边水油面皮盖在油酥上，边缘对整齐，捏紧。

5. 在案板上撒少许干面粉，将包好油酥的面坯擀成长 45 厘米、宽 30 厘米的长方形面片。

6. 将擀好的面坯均匀分成三份，按压出痕迹，将两边面坯朝中间叠压成三折，边缘叠整齐。

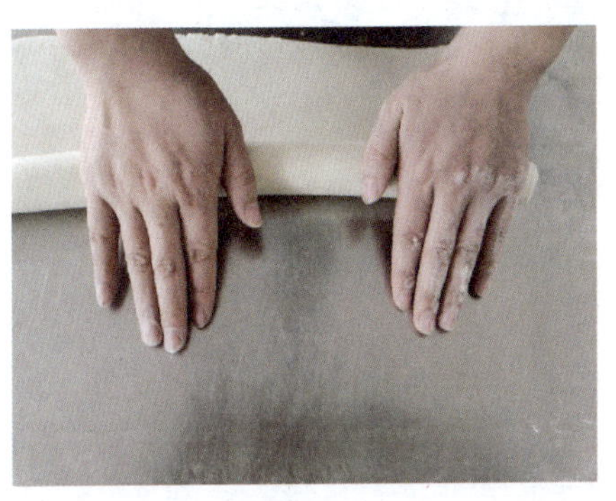

7. 用通心槌将叠好的面坯擀成长 45 厘米、宽 30 厘米的长方形面片，喷上清水，由上往下卷成筒状。

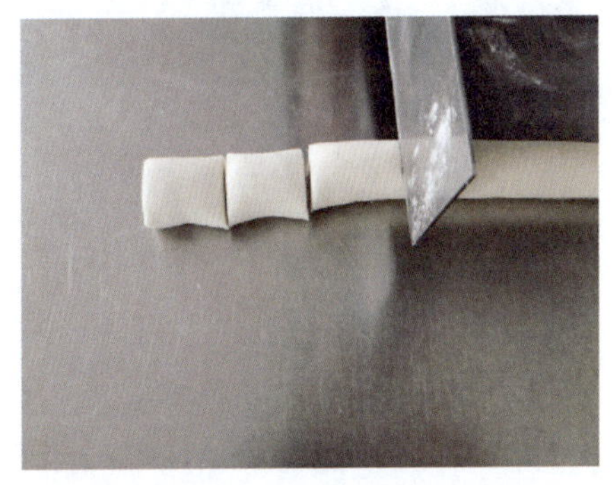

8. 用双手掌根搓成粗细均匀的剂条，用刀从剂条一侧均匀地切出 30 克一个的剂子。

9. 将剂子两头用手封口，捏紧、用擀面杖擀成直径约5厘米的皮，包上馅心，收口朝下放置。

10. 将生坯用擀面杖擀成直径约8厘米的圆皮，用擀面杖在中间压出圆形凹痕。

11. 将生坯均匀地分成五份，用刀片沿圆形凹痕边缘切断。

12. 将每一份均分为三小份，用刀片在距凹痕5毫米处切断。

13. 用拇指和食指将生坯捏拢成五个“花瓣”。

14. 在生坯中间处刷上适量蛋液，撒上几粒黑芝麻。

15. 烤箱调温至面火 200 ℃、底火 180 ℃提前预热，将生坯放入，烤制约 14 分钟。

16. 将烤熟的紫荆花酥晾凉后摆盘点缀即可。

技术要领

1. 水油面与干油酥要软硬一致。
2. 烤制前，烤盘要擦干净，不要有水或油。
3. 生坯摆放的数量要适中，间距要得当。
4. 烤炉需提前调温预热。
5. 蛋液要刷均匀，不可堆积。
6. 成品烤制成熟取出后，晾凉后再移动铲出，否则易碎。

本章小结

本章主要学习面点熟制方法的相关概念、特点及应用，各种熟制方法的工艺过程、技术要领。通过本章学习，能够在掌握相关理论知识和实训技能的基础上，独立完成各种熟制方法的操作及相关技能巩固品种的制作，并且具备运用理论知识解决实际问题的能力，同时养成安全、卫生的职业习惯。

思考与练习

1. 如何灵活运用各种熟制方法，对面点进行创新？
2. 如何运用现代工艺，合理掌控面点熟制火力？